まちづくり学

アイディアから実現までのプロセス

西村幸夫［編］

西村幸夫＋石塚雅明＋木下　勇＋浅海義治＋高見沢 実＋藤田　忍＋小林郁雄＋岸本幸子［著］

朝倉書店

編　集　者

西村幸夫（にしむらゆきお）　東京大学先端科学技術研究センター

執　筆　者

（　）は担当章

西村幸夫（にしむらゆきお）　東京大学先端科学技術研究センター（1）
石塚雅明（いしづかまさあき）　（株）石塚計画デザイン事務所（1）
木下勇（きのしたいさみ）　千葉大学大学院園芸学研究科（2）
浅海義治（あさのうみよしはる）　（財）世田谷トラストまちづくり（2）
高見沢実（たかみざわみのる）　横浜国立大学大学院工学研究院（3）
藤田忍（ふじたしのぶ）　大阪市立大学大学院生活科学研究科（3）
小林郁雄（こばやしいくお）　神戸山手大学人文学部（4）
岸本幸子（きしもとさちこ）　特定非営利活動法人 パブリックリソースセンター（4）

（執筆順）

まえがき

まちづくりに関する著書は，すでに数多く出版されている．そしてその多くは，まちづくりの実践例を紹介しているものである．まちづくりのあり方は，それぞれのまちごとに異なっており，また，同じまちでも時代的な変遷もある．したがって，まちづくりに関して一般論を展開するよりも，具体例を繰り広げ，そのカバーする広がりを実例でもって示していく方がわかりやすいということは，確かにいえるだろう．

しかし，まちづくりには，一定程度共通する姿勢や考え方が存在することも事実である．これらを，まちづくりの発想の出現からその実現までのプロセスに沿って，概論的に論じることも可能なのではないかと考えた．そしてまちづくりをその「構想」，「きっかけづくり」，「考え方」，「マネージメント」の4つのステージで考え，それぞれの段階で留意すべきポイントや参考にすべき情報を示したのが本書である．これは，ある意味でまちづくりの集合的智恵の現段階でのささやかな総括である．したがってこれを「まちづくり学」と称することにした．

「学」と呼ぶと，いかにもしかつめらしく聞こえるかもしれない．楽しくないまちづくりなどまちづくりとは呼べないといった主張からすると，「学」などと称するのはもってのほかといわれそうである．しかし視点を少し変えて，楽しくまちづくりにいそしむということ自体が一つの智恵であると考えるならば，それも広い目でみると一つの一貫した姿勢——すなわち一つの体系を内在させているといえるのである．ただし，その体系があらわに示せているかというと，やや忸怩(じくじ)たるものがある．確かに，「学」と呼ぶにはまだあまりにも未熟かもしれないが，お許し願いたいと思う．

本書を組み立てる際に，まちづくりのイメージの共通した出発点として，東京都世田谷区のまちづくりファンドとまちづくりセンター（現（財）世田谷トラストまちづくり）の活動を，一つのモデルとして考えた．世田谷のまちづくりが，区のまちづくりセンターを中心に，ここ15年以上にわたって活発に展開され，日本のまちづくりシーンのトップランナーの一つとして位置し続けたこと，さらには，同センターが運営するまちづくりファンドがとりわけ初動期のまちづくりに効果的な支援策として機能してきたことは，疑いのない事実である．これが，世田谷のまちづくりを一つの有効なモデルと考えた理由である．

また，まちづくりの幅広い活動のうち，一定の部分に関するイメージを共有することによって，記述の振れを不必要に大きくしたくないという配慮もあった．本書に世田谷の事例が多いのは，そのことにもよる．

しかし，このことが世田谷のまちづくりを唯一のモデルとして示すことを意味しているわけではないのは，もちろんである．神戸市のまちづくりの事例が本書においても重要な示唆を与えてくれる例として明記されているのをはじめとして，全国のまちづくりの例も示されている．ただし，本書の意図はまちづくりの事例をそのものとして示すことにあるのではなく，事例の先に，私たちが共通して認識すべき，まちづくりのスタンスとでもいうべきものが存在することを明らかにすることにある点は，繰り返し強調しておきたい．

本書で私たちが示そうとしたまちづくりのスタンスのあり方は，実は，まちづくりの実践者たちにとっては至極当然のことなのである．これまでにあまり明文化されてこなかっただけなのかもしれない．こうした考え方を一書にまとめて提起することによって，まちづくりは，個人的な心構えや技法の段階から，集団的な智恵の段階へと進むことが可能となるのではないだろうか．

それを「まちづくり学」と呼ぶのは，誇大広告のそしりを免れないかもしれない．しかし，まちづくりが新たな集合的智恵の段階に至りつつあるという日本社会の現段階に対するやや楽観的な視点をもって，これからもまちづくりの多くの仲間とともにこの道を歩んでいきたいと思う．——楽しくなければまちづくりに値しないからである．本書がその手助けになるとしたら，執筆者一同これに勝る喜びはない．

本書の作成に当たっては，構想から製作の段階にわたり，朝倉書店編集部の支援を受けた．記して謝したい．

2007年3月

西村幸夫

目　　次

第 1 章 まちづくりの構想

1.1 まちづくりの視点

◉ 1.1.1 まちづくりの本質は何か

まちづくりの本質とは何か，それは都市計画や都市整備とはどう違うのか，そして本書はなぜまちづくりのアイディアから実現までのプロセスを扱うことにしているのか．冒頭にこれらの根底的な問いかけに答えることから本書を始めたい．

a. 部局名としての「まちづくり推進課」

自治体の部署の名称として，まちづくり推進部やまちづくり推進課，まちづくり推進室といったものの人気が近年高まり，盛んに用いられるようになっている．もともとは都市計画課や都市整備課といった名称の部局であったのが，口当たりのよい「まちづくり」の語を好んで用いるようになったのである．その流れは国にまで至っている．かつての建設省都市局都市政策課は，いくらかのリシャッフルはあるものの，現在は国土交通省都市・地域整備局まちづくり推進課となっている．

このことが，本来は明らかに異なっていたはずの「まちづくり」と「都市計画」およびその周辺の概念との差異をみえづらくしてしまった．現状をみる限り，まちづくりは都市計画を市民向けにわかりやすく言い換えただけのものになっているようである．お役所仕事の印象を薄め，住民が主人公のボトムアップの地域行政を進めるのだという姿勢を明確に表現する用語として，まちづくりという言葉が好んで使われているという側面が強い．

確かに都市計画というと制度や規制が中心であり，専門でない人にはなじみが薄い．タテワリでトップダウンの印象が強い．一方のまちづくりは生活に関することは全般にわたって無関係ではありえないので，ヨコツナギ型でボトムアップ的である．そうした柔らかな語感に好感を覚えて，役所のセクション名やパンフレットのスローガンなどにも「まちづくり」の語が多用されるようになってきた．

そうしたお役所の姿勢を一概に否定するつもりはないが，このような趨勢が結果的にまちづくりと都市計画の相違をわからなくしてしまっている面は否めない．

それでは，そもそも「まちづくり」と「都市計画」との間にはどのような違いがあるといえるのだろうか．都市計画とは異なるまちづくりの本質とは何だろうか．都市計画はまちづくりに乗り越えられてしまう運命にあるのか．

b. 意識の問題としての「まちづくり」

まちづくりのテーマには，住環境の整備や保全といった全般的なものから，公害対策や商店街振興，子育てや介護，高齢者や子どもの居場所づくり，緑化や花いっぱい運動，観光，コレクティブハウジングのような住まいづくりなど対象が明確なものまで多様であり，これらをひとくくりにすることは困難である．しかし，あえてこれらに共通する本質的な点をあげるとすると，それは，その地域に実際に住んでいる人たちが中心となって，当事者として，自分たちの住む地域にかかわる問題に関して行っている活動であるという点だといえる．いかに扱うテーマが多様であるとしても，この点を外すと，それは「まちづくり」とは呼べなくなる．

このことは，従来いわれてきたように，「ボトムアップ」や「住民主体」であるということを別のかたちで表現しているということができる．しかし，これを，まちづくりはボトムアップの住民主体の運動であるとだけ表現すると，重要な視点が抜け落ちることになる．慎重な見極めが必要である．

これまで，ボトムアップや住民主体という場合には，合意形成や発議のプロセスとして，トップダウンと比較した場合として，ボトムアップであるということを意味していた．行政との関係においてその意向が反映されている主体としての地域住民が存在するという意味において，住民参加や住民主体が唱えられていたということができる．

つまり，複数あるアプローチの中の一つのあり方として，ボトムアップや住民主体が選択されているという状態を表現しているのである．

しかし，本来のまちづくりがその地域に実際に住んでいる人たちが中心となって行われるものであるというとき，それは手続きのあり方を中心的に表現しているのではない．

そうではなくて，そのまちづくりの活動の目的が，自分たちの住んでいる環境の総体としての保全もしくは改善にあるということである．全体としてのまちや対象としている住環境が，まずあるのだ．それは，アプローチの問題なのではなく，対象との距離関係の問題である．

c. 家にたとえると

家をたとえにするとわかりやすい．自分の家の整理や大掃除をするときには，誰しも家族であれば当たり前のこととして手伝うだろう．そこには，参加や合意形成，そのための手続きなどはない．ボランティアもない．ボトムアップもトップダウンもない――なぜこういうことが可能なのか．それは家族がみんな「自分たちの家」であるということを知っているからである．家族によって共有されている住空間を維持するために何らかの行動を起こすことは当然であり，そうしなければ自分たちの生活自体が劣化していくことをみんなが知っているからである．

これをまちに置き換えて，まちづくりの本質を説明してみよう．

まちづくりとは，地域に居住する人々のある一定の規模のまとまった集団が，その地域（その区切り方は問題によってさまざまであるだろう）を「わたしたち共通の家」のように見なし，家の整理や掃除をするようにその環境（のある側面）に介入していくことから出発する動きであると，比喩的に表現することができる．

そうだとすると，まちづくりの本質は，「わたしたち共通の家」が意識化されているということと，それを「わたしたちのもの」だと観想する「わたしたち」，すなわち「共通の家」の家族たちが存在するということにある．意識化された「わたしたち共通の家」とその意識の担い手たる「わたしたち」がいるということである．

「まちづくり」という一見曖昧なやまとことばがこれだけ幅広い支持を得て，市民権を獲得したのは，上述した思想が見事に簡潔な言葉で言い表されているからである．「まち」を「つくる」ことは何も物理的に市街地を建設することではない．それは，「まち」という「わたしたち共通の家」をつくり上げ，保ち続けるという行動を指している．「まちづくり」が動詞の連体形で終わっているのも示唆的だ．そこには運動が想起されている．

また，「まちづくり」という語には直接は表現されていない主語を強く要請もしている．「わたしたち共通の家」をなんとかしたいというふうに考える主体が，「わたしたち」という一人称複数形で措定されることが必要である．まちづくりとは，そうした主体の集団を生み出していく運動でもある．

d.　近代的な所有概念の向こうに

しかし，こうした家のたとえには，一つの限界がある．わたしたちにとって自分の家を心に描くのは至極容易であるが，「わたしたち共通の家」という比喩の意味する内実を思念することはそれほど容易ではない．

誰もお隣の家まで広げて自分の家だと主張する人はいないし，自分の家の庭をみてこれは自分の家の一部ではないのではないかなどと疑念を差し挟む人はいない．

なぜなら，自分の家というものは，近代的な所有の概念によって誤りようもないくらい明確に確定しているからである．それは，空間的にも明白に画定されている．

一方で，この議論をまち全体にまで広げると，この近代的な個人所有の概念が壁になる．自分の所有物と他人の所有物は明確に分けられており，それ以外に道路や河川，公園など公有の不動産があり，これらの総和として都市空間ができているとすると，「わたしたち共通の家」などという曖昧な空間が成立する余地はないということになる．

ここから帰結する論理は，他人の土地には干渉しない，あるいは干渉すべきではない，あるいは干渉できないという姿勢であり，こうした視点が公有地に向けられると公共用地のことはおかみがやればいい，あるいはおかみがやるべきだ，という主張となる．

こうした思想にまちづくりが胚胎することはない．逆に，これまでのあらゆるまちづくりは，こうした概念の壁を突き崩そうとしてきた運動であったといっても過言ではない．

まちづくりとは，こうした近代的な所有概念の先に「わたしたち共通の家」のような空間を求める動きなのである．ここでいう「共通の家」とは，必ずしも玄関や台所といった居住スペースを想定したものではない．もちろん，わたしたちのまちの玄関としての駅前をきれいに保とうといった運動はありうるだろうが，まちづくりの広がりはそれだけではない．

1軒の歴史的建造物の保存運動がまちづくりへと広がっていく例はよくみられる．このとき，まちにあった1軒の歴史的建造物は，1個人が所有している単なる私有物を超えて，まちに住む人々にとってかけがえのない宝物と考えられるようになるのだ．

高層マンション計画への反対運動に由来するまちづくりでも，同様の意識変革が活動家の心の内に起きている．高層マンションの計画敷地は，1個人が所有する私有地であることは当然であるが，そこに周辺との調和を破るような高層マンションが建てられるということを知って初めて，周辺の住民たちは，自分たちの住む居住地の環境がある秩序のもとにあることが，「わたしたち共通の」環境を生み出していたことを実感し，個々人は自分の土地では何をやっても自由だという考え方に何かしら過ちがあるということを，肌で知るのである．

先述した「わたしたち共通の家」とは，そのような実感を比喩的に表現したものである．つまり，上記のような運動の担い手たちは，運動の中で，自分たちの生活にとって近代的所有概念を超えた何らかのものが必要であるということをはっきりと感じ取っている，それを具体の物件や空間に即した言葉で語っているのである．

近代的所有概念を超えた何らかのものとは何か――それは，個人所有による空間の分断を超えた「みんなのもの」という思想の復活である．コモンズの再生が希求されているのだ．

◉ 1.1.2　コモンズ再確立を目指すまちづくり

a.　コモンズとは何か

まちづくりにおけるコモンズとは何か，もう少し立ち入って考えてみよう．

コモンズとは，もともとはイギリスにおいて放牧やレクリエーショナルな使用などに関して多くの市民が共同の権利を有している土地のことである．「共有地」と訳されることが多いが，通常私有地であり，その使用権が共同で保持されているものである．19 世紀後半にイギリスで起きたコモンズの保存運動とは，いわゆる第 2 次エンクロージャーで囲い込まれつつあった私有地を，共同利用の歴史を楯に，オープンな土地として利用権を確立すべく争った運動であった．

日本の入会地（いりあいち）は，財産区単位で共同所有されている山林や牧野で，典型的なコモンズの一つである．コモンズは，経済学でいうところの公共財の一部である．

今日，コモンズは，より広い意味で用いられている．地域社会の構成員が誰でもアクセスでき，利用可能な資源は，どれもコモンズと呼ばれる．河川や道路，学校や教会などもコモンズだということができる．誰でも利用できるということは，管理のシステムを上手に機能させないと，混雑や過疎などの問題が生じることも意味している．

b.　コモンズの悲劇とその対処策

こうしたコモンズの管理上の問題点を鋭く指摘した論説として，1968 年に生物学者 G. ハーディンが発表した「コモンズの悲劇」が有名である．

コモンズとしての牧草地に，複数の農家がそれぞれヒツジの群れを放牧しているとすると，各農家はヒツジ 1 頭増やすことによって得られる便益の方が，牧草地に与えることになる負荷より大きくなるので（なぜなら，ヒツジを 1 頭増やした分の便益はすべて独り占めできるのに対して，牧草地に与える負荷は全農家で分担するため，当該農家の負担は少ないから），その農家にとっては，ヒツジを 1 頭増やすことは経済的に合理的な行動だということになる．

しかし，すべての農家がこのような行動をとると，結果的に過放牧に陥り，コモンズとしての牧草地は疲弊してしまう．したがって，すべての農家は被害を受けることになる．個々人が経済的に合理的な行動をとっても，結果的にすべての構成員が損害をこうむることになる．このような悲劇

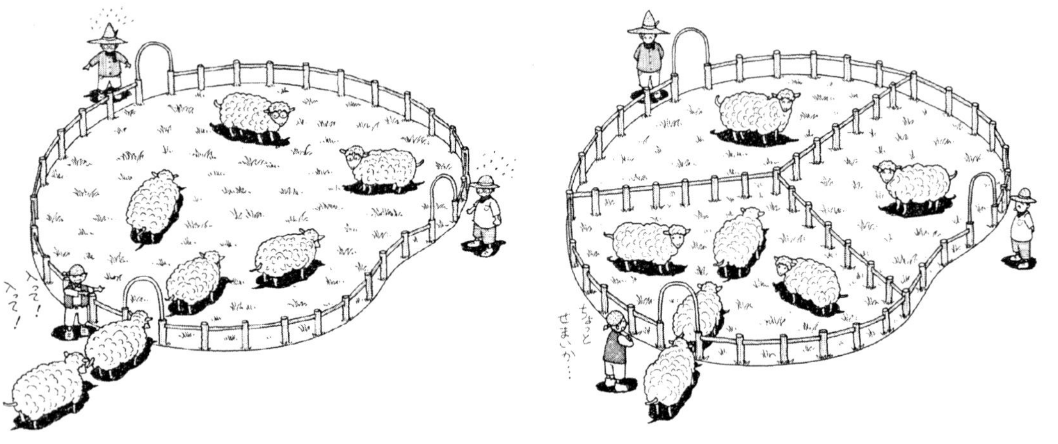

(a) 1 人は当初，少し得をするが，結果的に全員が被害を受けることになる．

(b) 解決策その 1：各自で区分して土地を私有化し，共有地をなくす．

図 1.1　コモンズの悲劇

を，コモンズの悲劇という（図 1.1（a））.

こうしたコモンズの悲劇は，実際に日常の中でいろいろなところに起き始めている.

たとえば，古都の中心部に高層マンションを建てることを考えてみよう．マンション計画を立てている土地所有者にとっては，人気のある古都の中心部により多くの人が住めるように高層マンションを建てることは，経済合理性があるということになる．もしかすると遠距離通勤を解消し，コンパクトシティ化を推進することに寄与するという意味では，さらに都市計画上のメリットもあると主張するかもしれない．これに反対することは，現在の居住者が将来の居住希望者を排除することを意味するとして，地域エゴだと非難されるかもしれない.

ところが，こうしたマンションが古都の中心部に林立することになると，古都のイメージダウンにつながることになる．高層マンションの眺望の価値も減ぜられることになろう．それぞれの高層マンションの資産価値も下がっていくものと思われる．地域の全体的なイメージの低下を望む者など誰もいないはずである．しかし，現実はそのようなことが起こってしまいかねない.

これもコモンズの悲劇の一例である．このときコモンズとされるのは何か．それは，古都というブランドの価値，古都の歴史的環境や景観が保有する価値だということになる．こうした価値を「みんなのもの」だと意識することがない限り，ここでのコモンズは守られないだろう.

このような事態を回避するために，これまでにも東西の論者がいくつもの対応策を考え出している.

たとえば，牧草地の例に戻ると，コモンズをすべての農家に分割して分譲すると過放牧の悲劇は生まれない．各農家が自分の私有地内で適正な放牧を行う以外に道はないからである（同図（b））．しかし，この解決策を古都の歴史的環境や景観に当てはめることはできない．土地はすべて私有化したとしても問題は解決しない．総体的な都市づくりのビジョンと実績が地域の価値を左右するからである．公共の関与なしにそのような実績をつくり出すことは不可能である.

別の解決策としては，監督官を任命して各農家が放牧するヒツジの数を厳しくチェックすること，もしくは高い税金などを導入して利用を抑制することが考えられる（同図（c））．古都の高層

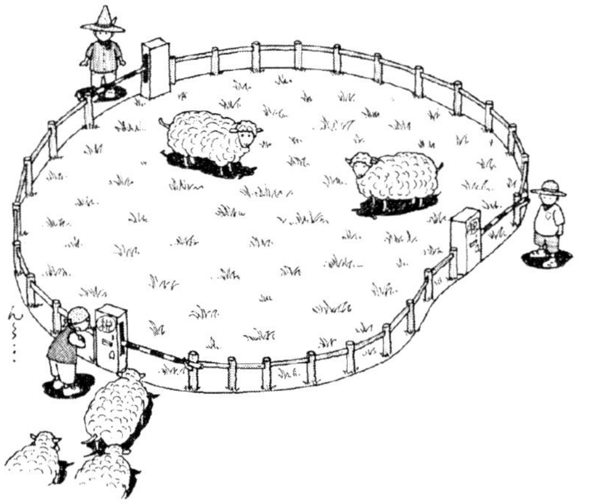

（c）解決策その 2：各自の相応の負担のもとに監督する仕組みを導入する.

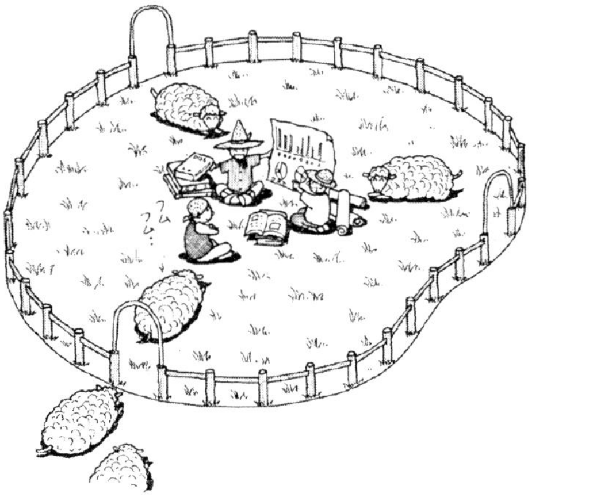

（d）解決策その 3：問題点を共有し，ルールをつくって守る.

（イラスト：槌屋保秀）

マンション問題に当てはめるならば，大きな地方政府による介入ということになる．都市計画規制を詳細化し，強化するという道である．古都税の導入も考えられる．

さらに第3の解決策として，過放牧の問題点に関する情報を各人が共有し，各農家間の交渉や契約によって最善の決着をつけさせるということが考えられる（同図（d））．古都の場合，当事者同士が話し合いで調整をつけることは不可能だろうが，事前に協定を結ぶなどのルールをつくることは考えられる．これがまちづくり的な解決法といえるだろう．合意に達することができたとするならば，そのルールとその背景にある都市空間の姿こそ，ここでのコモンズであるといえる．

古都の例をさらに続けると，かつて古都の低層のスカイラインは，古都に住む人々にとっては当たり前の風景として共有されていたはずである．しかし，このことは当たり前すぎて，誰もそれを固有のコモンズだとは考えなかったに違いない．

それが，高層マンションの問題が起きて，事態が一変する．今まで当たり前だと思っていた風景が実は危ういバランスで守られていたことに気づくことになる．そこで初めて古都のスカイラインが自分たちの共通した財産だったことを知るのだ．つまり，古都のスカイラインはこのとき初めて，「自分たち共通の家」となる．それがコモンズである．

c.　まちづくりの現場にみるコモンズの考え方

こうしたコモンズのとらえ方は，まちづくりの現場に共通しているといえる．

地域の歴史的建造物の存在に共有できる地域の記憶の発現というコモンズを実感し，マンション計画によって初めて何気ない居住環境を共有してきた低層の町並みの背後にある規範にコモンズを見出し，あるいはまちかどの片隅にしつらえた小さな花壇に手づくりのコモンズを夢みる，そうした感性がまちづくり運動の背後には必ず存在している．

ここでいうコモンズは，共有地を意味しているわけではない．共有の理念をもつことができる対象を見出し，それを通じてその運動におけるコモンズの将来の姿を描き出し，それに向かう運動を進めると同時に，その運動の主体たる「わたしたち」を再び確立していくという循環的な行為がコモンズを軸に繰り広げられることになる．これこそまちづくりである．

その際，当初対象となった「わたしたち共通の家」としてのコモンズに活動の対象がとどまる場合だけではない．コモンズの対象が広がり，あるいは深まっていく中で，さらに広範な視点によって「わたしたち共通の家」がより広い場として確立していく拡大再生産が行われることもまれではない．

むしろ，まちづくり運動はその進展に従ってそのような論理の深まり，視点の広がりを獲得していく方が通例である．人々によってコモンズと認知されるべきものは多様である．したがって，まちづくりは，そうした多様性を反映して，幅広い様相を帯びてくる．

まちづくりを現象として定義することは困難である．その現れが多様だからである．一方で，それぞれのまちづくり運動に視点に目を向けると，まちづくりをくくることはむしろ比較的容易だともいえる．まちづくりとは，まちにコモンズの思想を再び確立していく運動だといえるからである．

まちづくりが優れて近代の産物であるということは，近代的な所有概念によって分断されることになった近代の地域社会を，コモンズという自ら手にとることのできる環境を基盤に，再び構築していこうという運動であることに由来する．近代以前，文字どおり共有地や入会地が存在し，コモンズが実体化していた社会ではまちづくりが生まれる契機は存在しなかった．存在する必要がなかったからである．

「むらづくり」や「しまおこし」といった同種

の表現と比較して「まちづくり」が広く市民権を得ていった背景には，コモンズの実体が比較的残っている「むら」や「しま」と比べて，「まち」でこそコモンズの再確立が切実に求められているからであろう．

◉ 1.1.3　統合的視点に立つまちづくり

a.　「共通の家」を実感できるように

まちづくりが，理念の上でも実体上もコモンズを再確立しようとする運動であるとするならば，まちづくりの視点は統合的なもの以外ではありえない．コモンズとは何かの基準の上に築かれている分析的なものではなく，総体としての環境を「わたしたちのもの」と実感する感性に支えられているのであるから，これを守り育てていくことは，地域を統合的にみることにほかならない．

まちづくりの目標を別の言葉で表現するならば，「住んでいてよかった」，「これからも住み続けたい」と思えるような地域をつくることにあるといえる．これは，築き上げられたコモンズの姿が契機となって自分たちの住むまちの環境が総体として「共通の家」のように実感できるところにその基礎がある．

自分の家であれば文字どおり住処（すみか）としての実感があることは当然である．そのときに自分の家を分割して分析的にみる人はいない．自分の家はトータルなものとしての住処以外の何ものでもない．

これを「わたしたち共通の家」にまで広げて考えるならば，この「わたしたち共通の家」の住み心地は全体として感受されるものであって，各種指標の環境基準の集合だというわけではない．こうした統合的な視点がまちづくりには特徴的である．

b.　まちづくりと都市計画の比較

これだけを指摘すると，あまりに当たり前のことをいっているように思われるかもしれない．しかし，こうしたまちづくりの統合的アプローチを都市計画と比較してみると，その差異が決定的であることがわかる（表 1.1）．

まちづくりにおいては，総体としての環境を統合的に評価するために，そこへ至る道のりは多様であってもかまわないし，むしろ状況に即して多様にならざるをえない．前例にとらわれることなく，創意工夫によってそうしたコモンズを確立することを目指すことになる．また，統合的な目標そのものも，それを共有する人々の意識のもち方によって，あるいは地域によって異なって当然であるし，同一地域においてもまちづくりの経過とともに目標そのものが変化していくことは十分にありうる．

一方で，都市計画においては，最終的に目指すものは同様の良好な居住環境であるとしても，アプローチの仕方が異なってくる．都市計画では，全体像の構築と同時に部分的な合意形成や手続きの公正さが強く求められる．なぜなら，都市計画のルールは法治のルールであり，法の下での各個人の平等や公平が重視されなければならないからである．

したがって，都市計画のルールは明文化されている必要がある．基準は定量化され，その適用は画一的でなければならない．裁量による判断の幅

表 1.1　まちづくりと日本型都市計画のアプローチの違い[1)]

まちづくり	日本型都市計画
住民によるガバナンス	法によるガバナンス
活動基盤としてのコミュニティ	法治の対象としてのアトム化した個々人
性善説に立つ運動	性悪説に立つ管理
アマチュアリズム，ボランタリズム	プロフェッショナリズム
ヨコツナギの地域中心主義	タテワリの専門領域中心主義
ボトムアップ	トップダウン
規範と合意	規則と強制
慣習法的	成文法的
創意工夫	前例踏襲
透明で裁量的	公平で平等的
プロセス中心で柔軟	アウトプット中心で剛直
開放的	閉鎖的
最高レベルを目指す	最低レベルを保証する
固有で個性的，境界が曖昧	標準的で画一的，境界が明快
総合的アプローチ	分析的アプローチ
変化を起こすように機能	変化が起きるときに機能
住民主体	住民参加

図 1.2　まちづくりワークショップの例 ① オホーツク委員会・オホーツク 21 世紀を考える会主催「オホーツクまちなみ診断 in めまんべつ」(2000 年 9 月，同委員会撮影)
図面を前にとりまとめの打ち合わせ.

図 1.3　まちづくりワークショップの例 ② 富山市八尾町 (2006 年 10 月，西村撮影)
各自のコメントを書きつけた紙片を前に議論する.

を極力狭め，恣意的であると見なされることを避ける必要がある.

ルールが明文化されるということは，明文化されていないことはルール化されていないと見なされるということである．したがって，ルールは最低基準を保証するという性格をもつことになる.

また，抜け駆けを防ぐため，都市計画のルールは性悪説に立って，抜け駆け防止の視点から適用される必要がある.

そのとき，法を遵守する市民は，個々別々に任意に行動する原子（アトム）のような存在として考えられることになる．都市計画の制度は，アトム化した近代的な個々人が前提で組み立てられている.

対照的に，まちづくりでは，数値化された基準を遵守することよりも，達成されるべき全体像を共有することの方が優先されることになる．また，性悪説に立って管理するのではなく，性善説に立って幅広く運動を進めることが前提となる.

運動として組み立てられることによって，近代的な個々人は，しだいにコモンズという 1 つの理念を共有する社会組織となっていく.

ここにもまちづくりの脱近代的な側面が読み取れる.

都市計画の基準が明文化されるということは，都市環境全体について，それぞれの分野ごとに専門家によって数値化の根拠が立証されるように専門分化が進むことを意味している．環境は専門分野ごとにタテワリで細切れにされ，分析的に管理が進められる．実証的かつ科学的ではあるものの，こうした過程で都市の全体像が見失われがちであるということもできる.

他方，まちづくりではコモンズを専門分野ごとに分断して分析・管理することは意味が薄い．むしろさまざまな分野の視点を統合するようなヨコツナギの論理が求められる.

都市計画にはプロフェッショナリズムが重要なのとは異なって，まちづくりにはアマチュアリズムが大切なのである．アマチュア（すなわち住み手）の目でみてすべてヨコツナギされることによって，専門家とは異なった統合的な視点を獲得することができるのである.

コモンズを守り育てることは，プロフェッショナルの仕事ではない．それはコモンズを共有する人々全体の責務である．そしてそれらの人々は当事者としての地域居住者であり，その意味でアマチュアの集合体なのである.

アマチュアであるということは決して恥ずかしいことではない．プロの居住者というものはありえないのだから，居住者は，いかに一人一人が専

(a)

(b)

図 1.4　まちづくりワークショップの例 ③ 北海道遠軽町（2003 年 10 月，西村撮影）
(a) まちの宝に関するフリーディスカッション，(b) 見出した宝を地図上に落としてみる．

門分野をもっていようと，そしてそれをまちづくりに活かしていたとしても，住み手自体としてはアマチュアである以外にないのである．偉大なアマチュアリズムがまちづくりを支えているのだ．そこにボランタリズムの本質がある．

先に指摘したコモンズとの関連でいうと，都市計画は近代的所有概念に立脚した計画技術であるのに対して，まちづくりにはそれを超えようとする内在的な力が働いているということができる．

c.　新しい協働のあり方

まちづくりと都市計画は，扱っている対象が居住環境の保全や改善であるということから同一視されやすいが，以上のように対比してみることによって，基本的なアプローチが異なっていることがわかる．

しかし，そのことはまちづくりと都市計画とが対立関係にあるということを意味するものではない．統合的なアプローチをとるまちづくりと分析的なアプローチをとる都市計画とは，補完関係になりうる．それこそが真の意味での協働であるだろう．

まちづくりと都市計画の，あるいはより広く民と官の協働（もしくは共働）は，単に同じ現場で一緒に汗を流すといった性格のものではない．互いの役割分担をわきまえながら同じ目的を違う方向から共同で目指すことに意味がある．

そして，まちづくりと都市計画の本来の意味での協働（もしくは共働）とは，まちづくりの側で新たなコモンズを確立することを目指すと同時にそうしたコモンズを共感する主体を築き上げるという統合的なアプローチをとるとともに，都市計画の側で最低限の環境とルール遵守を保証するような規範を打ち出し，全体の活動の場を公正に保つという役割を分担し合うことを指している．

d.　新しい公共・小さな公共

このように考えてくると，近年「新しい公共」や「小さな公共」というスローガンが声高に叫ばれている理由がよくみえてくる．

単に行政組織が財政的に逼迫しているためにこれまで公共が担ってきた事業を民間に任せようとしているといった見方で問題を矮小化してはならない．指定管理者や NPO 支援，市場化テストの話題でもない．

もちろん，そうした側面が全くないわけではないが，まちづくりと都市計画の隘路の問題に即していうならば，肝腎なのは，近代の所有権概念を背景にして，法治によるガバナンスを目指してきたこれまでの都市計画では達成できない限界を，脱近代のまちづくり運動の視点に依拠することによって超える可能性がみえてきたという点である．ここを突破口としなければならない．

まちづくりの視点の根底にある「わたしたち共通の家」といった思念には，「わたしたち」という公共的観念や「共通の家」といった公共の場のイメージがある．それはまさしく「新しい公共」なのである．そしてそれらは，いつも実感できる範囲の「わたしたち」の視点から形づくられているのであるから，基本的には「小さな公共」なのである．

近代的な所有概念から一歩出た，今日的なコモンズをつくり上げることを別の表現にしたのが「新しい公共」や「小さな公共」だということができる．つまり，まちづくりの視野の先には，こうした身近な新しい形の公共像が形成されていくことになるのである．

◉ 1.1.4 まちづくりの技法へ向けて

a. まちづくりに教科書はない

冒頭に述べたように，まちづくりのフィールドは地域ごとに多様であり，その地域の置かれた社会経済的な状況にも左右される．まちづくりに定型はない．まちづくりは，定義することより，実践することの方が重要なのである．したがって，まちづくりには教科書は適さない．すべての運動がそうであるように，まちづくりの実践の中で自己教育していくことしか，自らが育つ道はないのである（図 1.2～1.4）．

しかし，何も導きの書がなくてもよいというわけではないだろう．まちづくりには契機が必要であるし，契機から自分たちのコモンズを発見し，確立していく過程が必要である．そこにはそうした意識の成長を介助してくれる手立てがあった方がよい．まちづくり意識が生まれるための産婆役としての技法が語られる必要がある．

本書の副題が『(まちづくりの）アイディアから実現までのプロセス』と名づけられているのは，そのような問題意識があるからだ．本書が目指しているのは，そうした産婆的（助産師的）手法でまちづくりを介添えしていくための契機づくりを仕掛ける技法を紹介することである．その背景には，ここまで述べてきたような脱近代のコモンズを目指す運動を後押ししたいという思いがある．

アリストテレスの産婆術（助産術）を持ち出すまでもなく，この技法は対話によって可能となる．そして，自ら身籠もっていないものは産むことはできないように，まちづくりとは，自らの内にある思いをかたちにすることでもある．逆にいうと，自らの内に熱い思いがなければ，それをかたちにすることはできない．思いの内実は多様であるだろうが，それをかたちにすることを手助けする技法は間違いなく存在する．それが産婆術（助産術）なのである．

b. まちづくりから Machizukuri へ

まちづくりは現在，英語圏でも Machizukuri という用語で定着しつつある．アジアの諸言語においても，日本語の「まちづくり」に相当する適切な表現はないという．台湾における「社区総体営造」や韓国における「マウルカクギ」のように，日本語の「まちづくり」を翻案した言葉も，一般用語もしくは行政用語として定着している．こうした現状をどのように理解し，評価すればよいのだろうか．

日本におけるまちづくりと都市計画との今日的バランスの中で理解されなければならないだろう．

つまり，都市計画が近代の計画技術として厚みをもって発達してきた欧米先進国では，都市計画の制度の中に計画立案への市民参加の手続きが歴史の中で織り込まれてきたので，まちづくり的な願望は，そのエネルギーのはけ口を計画自体の内につくってきたといえる．

さらに，近代的な所有概念に覆いかぶさるように所有に伴う義務の概念が都市計画規制として確固として確立しているため，近代的所有概念と正面からぶつかり合うまちづくりのような視点が発生する必要性が高くはなかったということもあるだろう．

新しい公共の考え方もすでにチャリティやボランティア組織として社会に定着しているか，もしくは法制度の中にそのようなアソシエーションやトラストの考え方が取り入れられており，「わたしたち」という共同体を生み出す制度的な仕組みもある程度整っていたということがいえる．

他方，アジア諸国においては，別の理由から，これまでまちづくりの発想が生まれにくかったといえる．アジア諸国では，前近代的な組織的紐帯が比較的強固な地域が多く，アトム化した個人社会の中でまちづくりとして新しい共同体的仲間意識を醸成する必要性に乏しかったという事実がある．都市計画制度による規制が比較的弱く，近代的な所有概念とともに前近代的な共有地的な概念も残されている地域が多いという現状では，都市計画による法治システムとは異なったアプローチをとるまちづくりの視点が生成してくる必然性が高くなかったといえる．

まちづくりという視点がほかならぬ日本において発達してきたという事実の背後には，都市計画制度をめぐる法治ガバナンスシステムの形成と近代的所有概念の成熟，地域社会の変容の度合いなど，多方面のバランスとタイミングによって，戦後の一時期に，脱近代のコモンズを希求するまちづくりが隆盛を極めるようになっていったという日本固有の歴史的経緯があるといえる．

同時に，地域を取り巻く社会経済的環境が激変しつつあるアジア諸国にとって，今後，Machizukuri は新たな社会運動として大きく発展する可能性がある．だからこそ，「社区総体営造」や「マウルカクギ」の語が市民権を得ていったのだ．欧米諸国にとっても，Machizukuri がもたらす新しいコモンズ確立を中心とした脱近代の社会関係の構築と新たな側面からの地域マネージメントの可能性という問題提起は，興味深いものであるだろう．

（西村幸夫）

文　献

1)　西村幸夫（2005）：コモンズとしての都市，『公共空間としての都市』（岩波講座　都市の再生を考える 7），岩波書店，p.20.

1.2　まちづくりの枠組みとその展開のプロセス

◉ 1.2.1　まちづくりの進め方を考えるに当たって

a.　「まちづくり」はムーブメントのようなもの

地域での合意形成や，地域のまちづくりの支援にかかわっていると，「まちづくり」はムーブメント（運動）のようなものという印象を強くもつ．数年〜10 数年の単位で展開するまちづくりには，時の運・不運のようなものも影響する．時代の空気が追い風になる場合もあれば，逆風に立ち向かわなければならない場合もある．この人がいてこそ，このまちづくりありといえるようなキーパーソンとの出会いもあれば，長い時の流れの中では別れもある．地域の中での激しい反目もあれば，それが嘘のように昔語りになる融和もある．大きな流れや小さな流れが複雑に絡み合い，いろいろな出来事を残していく．その出来事も，今日の目には成果とみえても，明日の目には失敗と映ることもある．また，成果を残そうといくらあがいても一向に事が進まない場合もあるし，ある日，小さな一押しが次々と歯車を噛み合わせ，大きな力を生み問題を解決に導くときもある．

このようなムーブメント性の強いまちづくりであるゆえ，「成功に導く定石は」と聞かれると，答えに困る．こうすれば必ずうまくいくという道を探すより，到達したい目標を地図に印して船出をするのに似て，その時々の風や潮を読むことの方が大切といえる．もちろん，地形や気象条件などを事前に調べるのは大切だし，さまざまな状況にも対処できる知識と技術も必要であろう．しかし，あまり定石や技術にこだわりすぎると，それにより目標を見失うこともある．ある時期，「住民参加のまちづくり」=「ワークショップ」ととらえ，とにかくワークショップをすれば参加のまちづくりだと考えられていたことがある．そこには，なぜ住民参加や住民主体のまちづくりが求められているのか，その成果はどのように活かされるのかといった基本的な視点が欠落している．また，その地域の社会特性や課題に対してワークショップという手法が適切なのかどうかという検討も見受けられない．あくまでそれらは手段であり，基本的に大切なのは，到達したい目標は何かをはっきりさせ，その目標に対してその時々の状況を踏まえながら適切な選択ができる力をもつということである．

b.　100の地域があれば100のまちづくりがある

「まちづくり」には，100の地域があれば100の形態がある．まず，気候や地形，植生などの自然環境や，そのまちが歩んできた歴史などによる違いがある．これらは，その場所固有のもので，そこに住んでいることを実感したり，住むことに愛着や誇りを感じるもととなる．一方，そのまちが抱える課題も千差万別であろう．そして，まちのよさを伸ばし，課題を解決する力に大きな影響を与えるのは，地域コミュニティの状況である．これは地域によってかなり異なり，道1本隔てて別世界のようなところもある．地縁的つながりを色濃く残す地域もあれば，人口の流動化が激しく住民同士のつながりを見出せない地域もある．若者の単身世帯が多いところもあれば，高齢者が多いなど，年齢的な偏りがみられる地域もある．また，土地利用の変遷などにより居住者層がいくつかに分かれ，新旧住民の交流がなかなか生まれない地域もある．

地域の信頼を得ているリーダーがきちんといて，住民相互のつながりも強く，暮らしやすい地域を自分たちの手で実現していこうという自治意識の高い地域は，まれかもしれない．地域の課題を解決しつつ，そこに暮らすことの愛着と誇りをもてる地域をつくり，維持していく力を「地域力」と呼ぶとすると，その力に陰りがみられるところは多い．そのような現状であっても，どこかに必ず地域を何とかしたいという思いがあり，さまざまなプロセスを経ながらもそれらの思いが地域力へと再生していった事例はたくさんある．

地域力の芽がどこにあるのか，そしてその芽がどうすれば育っていくのかについては，地域コミュニティの現状によってさまざまである．ある地域で成果を生んだものが，他の地域でも通用する保証はない．むしろ，地域の状況に合わせて創意工夫する力が求められる．

c.　さまざまな主体が織りなす緊張関係の上に

「まちづくり」には，それを支える制度や仕組みが必要とされるが，制度や仕組みができたからといって，自然に生まれ育つものではない．まちづくりは，住民，行政，企業，NPOなど多様な主体によって織りなされるもので，それも協調ばかりではなく，時には対立もある．まちづくり条例や自治基本条例ができ，それに関連して行政や中間支援組織によるまちづくり支援の仕組みが整備されても，まちづくりは常にさまざまな主体が織りなす緊張関係の上に成立するものといえる．

「まちづくり」という言葉も，その時々の住民や行政など，さまざまな主体の思いの受け皿となり，拡大，変容し続けてきた．

行政主導の都市計画に対して住民主体のまちづくりを．行政による開かれた参加のまちづくりを．ハード施策中心からハード・ソフトの両面から地域課題の解決を目指すまちづくりを．参加から協働のまちづくりを．そして，住民自治のまちづくりを．

このように並べてくると，半世紀ほどの時間を経ながら，住民，行政によってまちづくりは「進化」の道をたどって現在に至っているようにみえる．しかし，これらの言葉にしっかりとした実態が伴っているかというと，必ずしもそうではない．協働のまちづくりをスローガンにしていても，情報の開示すら満足に行われず，形式的な参加の場のみが設けられている場合もある．住民自治を標榜していても，限られた自治会役員により物事が決められるなど，民主的な自治運営が行われていない場合もある．

現在においても，時に住民は行政と戦う必要があるし，行政も公共性の担保を求めて住民組織に物申す必要がある．「まちづくり」の果実は，そのような主体間の緊張関係の上に生まれるもので，制度や仕組みが整えば自然と育つものではない．

d. 「まちづくり」とは何か

これらの認識の上に，改めて，ここで扱う「まちづくり」とは何かについて整理しておこう．これは，まちづくりを「定義」しようとするものではない．あくまで，まちづくりの進め方を考える上で何を対象とするか，枠組みを明らかにしておきたい．

ここでは，

① 愛着と誇りをもって暮らせる物的・社会的環境を維持，創造することを目的に，

② 住民が主体，あるいは主体の一部を担い，

③ かかわる主体が責任を担える空間的範囲において行われる，

④ 終わりのない永遠の取り組み

としておこう．

愛着と誇りをもって暮らせる物的・社会的環境を維持，創造することを目的とすると，地域課題によっては，「暮らしを守る」から「地域の人と人とのつながりをつくる」まで，さまざまな取り組みが該当する．たとえば「暮らしを守る」ということでいえば，地域ぐるみでの防犯活動はもとより，場合によっては住環境の悪化を防ぐための異議申し立ての運動も，まちづくりの一つと考えられる．特に時代の価値観が大きく転換するときなどは，制度や仕組みの見直しが遅れをとり，結果的に異議申し立て運動に成果を頼らざるをえない場合がある．また，新旧住民の乖離がみられるような地域では，「地域の人と人とのつながりをつくる」ための祭りのような交流イベントも，まちづくり活動といえる．大切なのは，地域課題に気づき，きちんとした目的意識をもって取り組まれているかどうかである．

最近では，地方自治体や国においても，政策の中で「まちづくり」という言葉を頻繁に使うようになってきている．行政が参加のまちづくりという場合は，施策決定のプロセスに住民や市民を参画させることを指し，行政からの投げ掛けという面が強くなる．また，行政がいう協働のまちづくりも，財政状況の悪化を背景に低下が予測される行政サービスを，地域負担というかたちで維持するという面が大きい場合がある．それはそれで，きちんとあるべき姿を考える必要があるが，住民が主体を担う取り組みと同一に論じるとわかりにくくなる．ここでは，住民が主体を担う取り組みを対象としたい．しかし，住民が主体，あるいは主体の一部を担ったとしているのは，直面する課題が住民の自助的な取り組みだけで解決できない場合があるからである．それらは黒子としての行政の関与や，特別のスキルをもった専門家の参画があって成果を生む場合が多いともいえる．また，物的環境の悪化と地域の結束力の低下が複雑に絡み合ったような場合は，行政や専門家の積極的関与なしには自助的まちづくりの道が開けてこないことがある．その見極めも，大切な点といえる．

③の，「かかわる主体が責任を担える空間的範囲において」としたのは，まちづくりの対象とする枠組みを狭めすぎているかもしれない．確かに，まち全体にかかわる問題に対して積極的に関与して成果を上げている活動はたくさんある．しかし，ここでは，かかわる主体の発言や行動が，自らの

生活を直接律する緊張関係を求めたい．具体的な空間的範囲がどこまでかを示すのは難しい面もあるが，イメージとしては，小学校区～中学校区程度の生活圏を想定する．仮に，まち全体にかかわる問題，あるいはもっと大きく地球環境にかかわる問題であっても，まちづくりとしては，自らが責任を負う関係にある生活圏において，目にみえる成果をあげうる取り組みであるべきなのではないだろうか．

そして，まちづくりは終わりのない永遠の取り組みであることは，愛着と誇りをもって暮らせる物的・社会的環境を維持，創造することを目的としていることから当然といえる．しかし，実感としては，数年を単位として，10数年を1つの大きな単位とした，取り組みの積み重ねといえる．数年単位では，たとえば，1年目には志を同じくする人の輪をつくる，2年目には人の輪の力を活かし目にみえる成果をつくる，3年目には活動を永続していくための組織や資金などの運営方式をつくるなどの達成目標をもつことが大切と考える．10数年では，それまでの取り組み成果を冷静に振り返り，当初の目的が時代や地域ニーズから乖離していないかを見定め，活動の中心を担う人材の更新を含め，体制の見直しも行えるようであってほしい．それらの努力の上に終わりのない永遠の取り組みのリアリティが生まれてくると考える．

◉ 1.2.2 エピソード：小径との出会いから広がるまちづくり

ここで，エピソードとして，1つのまちづくり活動の事例を紹介する．特に有名というわけではなく活動の歴史も浅いが，まちづくり活動の発意から展開に至るプロセスを考えるキーワードが読み取れると思われる．

紹介するのは，「船橋小径の会」で，東京都世田谷区の住宅地に残された300 mほどの長さの土の小径を現場とするまちづくりの取り組みである．1人の主婦の「人工的でない，昔ながらの土の道に四季を彩る野の花．こんな素朴な風景に，こころを和ませ，自然とふれあう場として，これからも大切にし，地域の財産に育ててゆきたい」という思いから始まっている．会の設立は2003年1月．2006年12月時点で運営委員6人，会員数約67人．世話役全員が主婦で，文字どおり小径の野草のような，草の根的活動である．

活動のきっかけは，世田谷区が「世田谷区風景づくり条例」に基づく「地域風景資産」の選定に際して，区民の推薦の機会を設けたことにある．この区民推薦に，1人の主婦が，身近にあった土の小径を推薦したのが事の始まりである．世田谷区風景づくり条例は，全国に多数ある景観条例と似ている面があるが，区民が身近な風景の価値を再発見し，守り育てる取り組みを促す，「ボトムアップ」と「アクション」に力点を置いている点が特徴といえる．地域風景資産の選定も，その仕組みの一つである．風景づくりに寄与している建物や樹木や界隈を地域風景資産として選び，公表することによって，区民や事業者などが地域の個性や魅力を共有し，風景づくりを推進する手掛かりとなるようにと考えられたものである．

選定の方法など，条例の運用にかかわる部分も，区民参加でつくり上げられている．地域風景資産の選定プロセスをめぐる区民との議論では，成果として目録が公開されるだけにとどまることなく，実際に風景づくりにつながっていくことが大切とされた．そのためには，選定される条件として，風景としての価値があることはもとより，価値に対して地域の共感・共有があることや，風景づくりにつながるアイディアがあることが必要とされた．そのような議論を背景に，実際の運用に際しても，推薦者は「この風景が好き」，「大切にしたい」という個人的思いにとどまることなく，地域の共感・共有の状況や，どのような風景づくりにつながっていく可能性があるかを示さなければならなかった．

日常見慣れた風景の中で，長さ300 mほどの土の小径の価値に気づく人は少ない．この風景が地域風景資産として選定されるためには，推薦者が自ら地域に価値を伝え，共感の輪をつくることが求められたのである．これはかなり大変なことである．選定プロセスをめぐる区民との議論でも，そこまで推薦者に求めるのはハードルが高すぎるのではないかとの指摘があったが，議論に参加した区民が自らサポーターとなって，推薦者の地域への働き掛けや風景づくりプランの作成などを支援するというかたちになった．2002年12月，そのようなハードなプロセスを経て，第1回地域風景資産に選定された風景は36件にのぼったが，土の小径もその一つとされたのである．

選定の翌月の2003年1月には，それまでの地域への働き掛けの成果をもとに，「船橋小径の会」が設立されることになった．6月には，世田谷まちづくりファンドの「まちづくりはじめの一歩助成部門」の助成団体に決定された．それから1年の間で，通信「こみち」1～5号の地域配布や，「みどりの情報板」の設置を通じて小径の四季折々の魅力や，活動の内容を知らせる一方，地域の交流イベントに積極的にかかわるなどして，草花観察会，植木鉢創作会，草花の寄せ植え会，草玉づくり勉強会，小径の草刈りや石の除去，草花植え込みなど，小径と小径の草花に親しむさまざまな機会を提供するなどの活動に取り組んでいる(図1.5)．その年の秋には「小径の収穫祭」を実施し，草花の寄せ植えやクリスマス小物の展示販売のほか，地域の作曲家の協力で「小径の歌」を制作し，小径に隣接する高校の生徒の合唱によるお披露目も実現した．

このように地域の共感の輪を広げる一方で，活動を発意された方の日本画の特技を生かしながら小径の将来図を作成し，区と住民の見学会を催すなど，道の整備のあり方についても考える場を設けていった．

2004年の3月には，世田谷区風景づくり条例に基づく「風景づくり活動団体」として登録され，4月の時点で運営委員6人，会員数40人の活動までに広がった．活動2年目の懸案は，隣接地における大規模なマンション開発への対応であった．敷地面積約5000 m^2，小径の延長の約1/4に当たり，小径の風景には大きな変化である．このマンション開発に対しても，専門家の協力を得て武蔵野の雑木林のイメージを大切にした植栽計画を提案し，多くの部分で採用されるに至った．

その年のうちに区と管理協定を結び，小径の管理を任されるようになり，2005年度からは，自分たちで考えた小径整備のマスタープランをもと

(a)

(b)

図1.5　(a)「船橋小径の会」の小径整備の取り組みと(b) 整備後の風景（船橋小径の会撮影）

に，野草の植栽や草花の名板づくりなど，できるところから取り組んでいる．2006年度には，区も本格的な土舗装整備に取り組む段階に来ている．

ハコベ，オオイヌノフグリ，ヒメオドリコソウ，ホトケノザなどの野草と出会える土の小径の風景を大切にしたいという1人の思いが，数年で地域の広い共感を得た活動に展開し，新しい風景創造をリードするまでの成果をあげつつある．由緒ある歴史資源，稀少種的自然資源などがまちづくり資源として注目され，それらの有無によってまちの活性化の可能性が議論される．そのような，珍しいものがまちづくり資源として価値があるという考え方から距離を置いて，生活者の視点から身近な資源を再発見し，地域に主体的に働き掛けることによって，理解，共感の輪が広がり，そのプロセスの中に新しい価値が生まれることを示す事例といえる．

◉ 1.2.3　まちづくりの展開を促す8つのキーワード

「船橋小径の会」の事例は，まちづくりの種は身近なところにもあることを教えるばかりではなく，どうすれば地域の力を集めてその種を育てることができるのか．また，その種が育つプロセスには，さまざまな主体がかかわりもち，それぞれが重要な役割を果たしている様子が読み取れる．この小さなエピソードから，まちづくりの展開を促すキーワードを抽出してみたい．

(1) はじめの一歩は「気づき」から―普段の視線を「社会化」するきっかけづくり―

日常生活で見慣れた風景の中に，季節ごとにいろいろな野草と出会える土の小径の素晴らしさに気づく人は，多くはいない．さらに，その気づきを社会に向けて何らかの形で発信しようという気持ちになることは，まれである．そこには，何かのきっかけが必要になる．身近な生活環境が大きく変わるような出来事に対して声を上げることは多い．高層の建物ができることによって，風景が大きく変わってしまうとか，宅地開発で里山の自然が失われることへの異議申し立ての声は，いろいろなところで聞かれる．反対運動から始まって，身近な環境の価値を再認識し，それを守り育てる継続的な取り組みが生まれることも多い．しかし，それらは何か大切なものを失うかもしれない，あるいは失ってしまうことへの対価として得られるまちづくりで，本来，そのような事態にならないことこそが求められる．

「船橋小径の会」の場合は，先に触れたように世田谷区の風景づくり条例の「ボトムアップ」の仕組みが重要な役割を担った．地域風景資産の選定に際して，住民の主体的な発意を大切に育てるというプロセスを設けていたことが，大きなきっかけになっている．

「市民がまとめた“世田谷のまちづくり市民活動10年の記録”(世田谷まちづくりドットCOM)」という調査報告をみると，まちづくり活動を始めたきっかけで最も多いのは，「日常生活の中で地域住民の暮らしの中から問題意識が持ち上がって始まった〈住民自発〉型」で，約40%を占めるが，2番目に多いのが「行政などの学習会やフォーラムに参加したメンバーが集まって立ち上げた〈学習会・フォーラムなどへの参加〉型」で，約25%にのぼるという．

世田谷ばかりではなく，いろいろな地域でまちづくりの勉強会やまちづくりへの参加の場から生まれた活動と出会うことがある．たとえば，地域の将来ビジョンを市民提案をもとにつくろうという取り組みに参加した市民が，提案をまとめた後も横のつながりをもち続け，まちづくり活動団体を立ち上げたケースや，座学だけでなく現場に働き掛けて提案づくりをするまちづくり講座の参加者が，受講後，実際にまちづくり活動を始めるケースなど，数多くある．

大切なのは，普段の視線を「社会化」するきっかけづくりである．日常の見慣れた風景の中に，地域に生きることの確かさを実感できる大切な要素が存在していることに気づく視線をもったり，日ごろの暮らしの中では目に触れないが，地域の中でともに暮らす弱者の存在に気づく想像力をもったりする．そのようなきっかけを，もっともっと社会の中に埋め込んでいくことが必要とされる．

(2)「思い」を伝え共感の輪を広げる—現場で，参加しやすい入り口と自己実現の場をつくる—

せっかくの「気づき」も，次の展開がなければ1人の「思い」のままで終わってしまう．自分の気づきに対して共感の輪を広げていく取り組みが必要になるが，それが難しい．まず，「思い」を社会に投げ掛ける決断がなかなかできない．自分を励ましながら，ようやく勇気を出して声にしてみると，誰も聞いてくれない．少し進んで「思い」を同じくする小さな輪ができたけれど，なかなか広がらない．そのような悩みをたくさん聞く．

小さな自分に何ができるのだろう．具体的にどんなことをするとよいのだろう．そのような気持ちに対して，一緒に悩んだり，話を聞いてくれたりする人が身近にいるだけで大きく違う．船橋小径の会の場合には，1人の主婦の思いを地域風景資産の選定に導くために，一緒に悩んでくれる区民のサポーターがいた．もう活動をやめようかなと思ったこともあったが，休日になると駆けつけてくれる人たちの顔をみると，もう少し頑張ってみようという気持がわいてきたという．特に専門的な知識や経験があるというわけではなくても，自分が大切にしたい風景について耳を傾けてくれる人がいたというだけで，一歩，社会に対して声を上げる力が生まれたといえる．

最初に「思い」を地域に伝えるために取り組んだのが，通信「こみち」(図1.6) の発行と「みどりの情報板」の設置であった．船橋小径の会の設立から1年あまりで会員数40人ほどの組織になり，2年目には60人まで輪が広がっている．なぜ，短期間にそのような広がりが得られたのか．そこ

図1.6　通信「こみち」

には，情報発信以外に共感の輪を広げるポイントを読み取ることができる．

一つは，草花観察会をはじめとして，植木鉢創作会，草花の寄せ植え会，草玉づくり勉強会など，常に現場に出向き，土の小径の価値を五感を通じて感じ取れるよう機会を提供していることがあげられる．さらに，小径の草刈りや石の除去，草花の植え込みなど，現場に直接働き掛けながら，その環境がどうあればよいか現場で発想していることも大きい．多様な思いをもった人々が参加するまちづくり活動においては，時として，観念的な議論に陥ることがある．土の小径の存在意義を語ると，ヒートアイランド現象の低減や，ひいては地球環境にやさしいまちづくりとは何かという議論へ発展する可能性もある．そのような視点の大切さはいうまでもないが，そのような議論が主になると，議論のための活動に変質し，多くの共感を得る生き生きとした活動への展開を阻害することがある．部屋の中ばかりで議論していると，そうなりがちである．まちづくり活動はできるだけ「まちに出る」ことが大切で，対象とする現場からエネルギーをもらう体験を共有すると，そこに「場」が生まれ，エネルギーも増幅されるのではないかと考える．

もう一つは，誰もが参加しやすい入り口づくりである．「小径の収穫祭」を実施し，およそ100人が参加してくれた．草花の寄せ植えやクリスマス小物の展示販売のほか，地域の作曲家の協力で「小径の歌」を制作して高校の生徒の合唱によるお披露目を行ったりしているが，そのことが，いろいろな人が関心を寄せるきっかけとなっている．「気づき」を多くの人に共有してもらうための入り口は，敷居が低く間口の広いことが大切である．参加の動機はいろいろあってよい．歌を歌いたくて，聞いてみたくて，でもよいし，何か珍しいものを売っているから来てみた，何か楽しそうな催しだからのぞいてみた，でもよい．そのようなことがきっかけになって，まちづくり活動にかかわる人の思いに触れ，新たな「気づき」の輪が生まれてくる．身近な小径をテーマにさまざまな人たちが集う時間をもったのは，地域の中でも初めての体験だったようで，「こういう横のつながりが大切」との声も聞かれたという．「土の小径と野草を守ろう！　小径を考える会議に参加しませんか」では，誰もが気軽にという雰囲気にはなりにくい．

その他，大切なのは，活動に参加している人々が，活動を楽しんでいることである．会の立ち上げを発意された方は，以前から日本画で植物を描かれており，通信などに自ら描かれた野草の絵を載せることを通じて思いを伝えている．その他のメンバーも，園芸や，通信やチラシの編集など，それぞれの持ち味を生かしている．まちづくりの活動の中で，自分はこんなことができる，こんなことをしてみたいということが，きちんとした居場所をもてると，大きなエネルギーになる．逆に活動のためには，こんなこともしなくてはいけないという義務感から行うものは長続きしないし，人の気持ちを引きつける力が弱いといえる．

(3)「思い」を「姿」にする―そっと背中を押したり，伴走してくれる人や機会が力に―

野草に出会える土の小径への思いを，「船橋小径の会」という「姿」にして，本格的な取り組みを行うようになる上で，世田谷区の地域風景資産として選定されたことの意味は大きい．自分の思いに対して公的な評価が得られたことによって，高校をはじめとして周囲への呼び掛けの自信にもなるし，取り組みの公益性も理解されやすくなる．そして，もう一つ活動に弾みをつける役割を果たしたのが，「公益信託世田谷まちづくりファンド」の活動助成事業である（2.2節参照）．

まちづくり活動への助成事業は，世田谷のまちづくりファンド以外でもたくさんある．民間の財団などが行っているものもあるが，地域に密着した助成事業となると，自治体がまちづくり支援事業の一環で行っている例が多い．自治体の助成事業をみると，地域の良好な景観の保全・形成，都市計画マスタープランの地域別構想の実現など，助成の目的を特定しているものが多い．また，事業としての費用対効果をあげるために，助成対象には一定の水準以上の活動実績が求められることも多い．それらは多様化したまちづくりの小さな芽を育てるという観点からは，柔軟さに欠ける場合がある．

世田谷のまちづくりファンドでは「はじめの一歩部門」があり，まちづくりの芽を育てることに重きを置いている．この部門は，応募する際にあまり負担にならない程度の簡易な申請書を提出し，ヒアリングを受けると，活動内容が助成にふさわしくない点がなければ一律5万円の助成金を得ることができる．非常に敷居の低い助成の仕組みといえるが，5万円の助成では金額的に魅力がなさそうにみえるかもしれない．しかし，実際に助成を受けた団体の話を聞くと，そうではない．活動の初動期では，「思い」があってもまだ具体的に何をすべきかがはっきりしない場合も多く，試行錯誤の段階であまり多額の助成をもらってもかえって困る場合がある．それよりも，「思い」を周囲に伝え，姿にしていく上で，まちづくりファンドの助成を受けている団体であるというお墨付きが大切だとの意見が多い．

また，世田谷区にはまちづくりファンドと連携して，まちづくり活動の芽を育てる手助けをしている「まちづくりセンター」がある．助成の応募の相談から，活動の悩みへのアドバイス，活動の参考になりそうな情報の提供や，互いに力になりそうな団体の紹介，場合によっては行政との橋渡しなどを担っている．世田谷区に限らず，まちづくりなどの活動をサポートする機関を自治体やNPOが設ける例は増えてきている．

これらの仕組みが用意されているかいないかによって，その後の展開は大きく違う．実際，ファンドの助成を受けて以降の「船橋小径の会」の活動には目覚ましいものがある．「思い」を「姿」にするというのは，大きなエネルギーを必要とする．漠然とした思いから，何を実現したいのか明確な目標として意識し，目標に近づくための具体的な取り組みを，思いを同じくする人の輪の力によって，一歩一歩着実に実行していくのは大変なことである．折に触れ，そっと背中を押したり，短い間でも伴走してくれる人や機会を地域でもっていることが，まちづくりの力を高める上で大切といえる．

(4) まちづくりは信頼関係の上に―共通の目的のために知恵を出し汗を流し合う取り組みが，信頼関係を生む―

思いを同じくする少数のメンバーで活動を行っているうちはよいが，共感の輪が広がり，活動に直接・間接に参加する人が増えると，運営方法に気をつけないと問題を生じる場合がある．いろいろな活動の状況を見聞きすると，一部の人だけで物事が決められているとか，誰かのやりたいようにやっているといった批判を聞くことがある．活動の実態としては，すべての参加者が平等に活動を担っているケースはまれで，特定のメンバーが多くの実務を担っていることが多い．それが批判の対象となるのは，情報の共有や，開かれた議論の場を設けるのをおろそかにしている場合である．

活動の様子を伝える通信などは，活動の輪を広げる目的も大きいが，活動に共感してくれた人たちの気持ちをつなぐ上でも重要な役割を果たす．「船橋小径の会」でも2〜3か月に1回程度のペースで通信を発行し，約70人の会員のつながりを維持している．このほか，会員のみへのお知らせなど不定期に発行するものもあるが，それらは皆，手配りをしている．直接会って渡すという行為は大変ではあるが，それがつながりづくりでは大切という．最近では，インターネットがかなり普及してきているので，ホームページのほか，ブログやメーリングリストによって情報発信，共有の頻度を高めることもできる．誰もが気軽に参加できる話し合いの場を設けることは，運営の透明性につながるばかりではなく，さまざまな知恵や力を集め課題解決につながるきっかけとなる場合がある．多くの人が参加することによって成果が上がるという体験は，活動の結束を高めたり信頼関係を築く上で大きな役割を果たす．

地域のまちづくり課題に向き合うときに，さまざまな団体との連携が必要になったり，連携が新たな力を生む場合がある．「船橋小径の会」でも，道に隣接する高校や，児童館などとの連携によって，活動に広がりが生じた．学校関係でいえばPTAや，生徒の父親たちが集う「おやじの会」などとの連携も考えられるし，地域では町内会や自治会とのつながりも大切な場合がある．それらの組織は強い地縁ネットワークをもっており，回覧板や連絡網などの情報伝達機能もある．それぞれの持ち味を活かしながら，地域課題解決のための知恵と力を合わせられればと思うのだが，現実はなかなかそうはいかないようである．

地縁組織も，関連する行政のタテワリ構造を結構引きずっていて，地域という単位でのヨコツナギの連携が弱い．地縁というつながりをベースにした組織と，ある思いを共有することをベースとしたテーマ型のまちづくり活動団体では，人も組織も運営のかたちも別世界の感がある．テーマ型活動団体からみると，地縁組織は保守的で少数の役員の意見で方針が決まってしまう閉鎖的な性格があるというレッテルを貼りがちだし，地縁組織からすると，テーマ型活動団体は自分たちの興味のあることを好き勝手にやっていて，地域とのかかわりが薄い，胡散臭いものと見なしがちである．

確かに町内会，自治会は加入率が低下し，役員の高齢化，固定化がみられるところが増えているし，テーマ型のまちづくり活動も特定のテーマにのみ関心が強く，仲間内で完結しがちな点はないわけではない．しかし，多くは食わず嫌いというか，互いによく実態を知らないことからくる不信感であったりする．ちょっとしたことをきっかけに垣根がなくなり，互いに持ちつ持たれつ二人三脚で，地域課題の解決や新しい創造的な地域活動に取り組んでいる事例は，数多くある．

そのちょっとしたきっかけは，意見交換の場のような議論のテーブルからはなかなか生まれない．むしろ違いを際立たせる結果になってしまう場合もある．互いの関心や，やりたいことの中で，重なり合う何かをテーマにイベントを共同で行うなど，体験の共有が大きな成果を生む場合が多い．最初のうちはぎくしゃくしていても，何か共通の目的を達成するために知恵を出し汗を流し合う小さなエピソードの積み重ねが，知らず知らずのうちに信頼関係を築き上げるようである．「船橋小径の会」も，4年目には町内会の協力を得て，通信を町内7000世帯に回覧することができるようになった．

(5) 行政は黒子に徹する—地域の課題と解決力を見極めながら，行政は足りないところを支える—

こうしてくると，行政の姿があまりみえてこない．どうも行政は黒子でいることの方がよいようである．行政からまちづくりはこうあるべきだ，こうすべきだと押し付けられてはやる気が失せるだろうし，行政が手取り足取り面倒をみすぎても地域の自立心が失われる場合がある．行政のまちづくり支援担当は，単年度で目にみえる成果を出さなければならないというプレッシャーを受け，ややもすると必要以上に手を出してしまうことがある．まちづくりは長い目でみることが大切であり，きちんとした成果を生むには，急がば回れという意識をもつようにした方がよい．

「船橋小径の会」の場合も，行政は住民発意の風景づくりの取り組みのきっかけづくりとして，地域風景資産の選定の仕組みを用意したが，実際の運用では，区民の力を前面に出して，自らは黒子に徹している．黒子は何もしないということではなく，住民から主体的に投げ掛けられる相談に対しては親身に対応しているし，必要に応じて担当の窓口を紹介したり，職員研修のフィールドとして小径を使うなど，行政内部での橋渡しを担ったりしている．

黒子としてどこまで何をすべきか．これは，地域の状況によって大きく異なる．町内会や自治会の加入率が5割に満たないなど極端に低い場合や，地域に高齢単身世帯が多かったり，転入・転出が頻繁な地域などでは，地域課題を地域で解決していく力が育つことが難しい場合がある．そのような地域では，行政も待ちの姿勢ではなく，積極的に働き掛けを行うことが求められる．地域の自助的力だけではまちづくりが進まない場合には，課題解決の経験が豊富なNPOなど地域外の助けも借りなければならない．行政がそれらのコーディネート役を担うことも必要な場合がある．

世田谷区や札幌市では，行政の出先機関である出張所や連絡所といわれるところを，地域まちづくりの支援センターとして改変する取り組みが行われている．札幌の場合では，人口数千～数万程度のエリアを対象に，全部で87か所のまちづくりセンターがある．その状況は，地域コミュニティの状況によってまちまちで，地域の自立性が高く温かく見守るだけでよいところや，地域のよき相談相手としてまちづくり活動の担い手を育てているところもあるが，一方で，地域がバラバラで，どこからどう支援してよいのか手掛かりが見出せないところもある．そのような中で，テーマ型活動団体と地縁組織が反目し合っていた状況を，ちょっとしたきっかけをつくることによって互いに信頼感をもち合う関係に導いた例も生まれてきている．

このように，地域ごとに行政の支援センターを設ける以外にも，まちづくり総合相談窓口を設け，小さなつぶやきに耳を傾け，行政内の受け皿調整を1元的に行っているところもある．まちの規模によっては，人と情報を集約する方が成果をあげやすい場合もある．また，まちづくりに関係する多様な部署から職員を選抜し，まちづくり支援チームをつくり，求めに応じて地域に派遣する取り組みを行っているところもある．

(6)「像」と「場」の専門家—思いを目にみえる姿に翻訳したり，共有するのを助ける—

行政の職員も，地域の人や環境をしっかりと見つめることによって優れた黒子になりうるが，課題が輻輳し，コミュニティの力も弱くなってしまった地域では，かなりの経験と技術をもった専門家がかかわる必要がある．顕在化している地域課題のほか，地域の人たちが気づいていない潜在的な課題の有無をきちんと把握する一方で，どのような人材が地域にいるか，どのような人的ネットワークを形成しているかをリサーチする．それらの人やネットワークが課題解決に結びついていないのはなぜか，要因を分析し対策を検討する．そして，できるところから地域の力を高める取り組みを行いつつ，3～5年後には活動の自立が可能になるような中長期のプログラムをつくる．特に人口の減少と高齢化が急速に進行することが予測されるコミュニティにおいては，このような専門家が行政と連携をとりながら地域にかかわっていくことが求められるであろう．

このような専門家を「場」の専門家と呼ぶとすると，もう一方で，「像」の専門家が必要とされる場合がある．「船橋小径の会」でも，小径沿いのマンション開発に対して小径の環境などへの配慮を具体的に提案できたのは，ランドスケープデザインの専門家のサポートが大きかった．心の中に浮かぶ思いを，「目にみえる姿」に翻訳し，関係する住民や企業に伝えることができるようにする．地域が目指すべき姿をわかりやすくビジュアル化したり，地域に眠っているまちづくり資源の可能性を目にみえるかたちに描いたりするのは，やはり専門家の力に負うところが大きい．

「像」と「場」の専門家が，節目節目にまちづくりにかかわっていける仕組みをつくることも大切である．行政のまちづくり支援事業のメニューの中に，専門家をアドバイザーとして地域に派遣する仕組みを設けているところも多い．また，都市計画家協会などのまちづくりに関連する職能団体においても，まちづくり人材派遣助成事業を設けるなど，専門家側からの支援参画の動きも活発化してきている．

これらの専門家は，主に都市計画プランナーや建築家などのまちづくりに関係の深い位置にいる者が主であるが，まちづくりの概念の広がりと合わせて考えると，もっと違う領域の専門家のかかわりも大切と考える．自分たちの思いを広く伝える上では，デザイナーの力も大きい．ポスター，チラシ，パンフレット，ホームページなど，情報発信の手段は多様にあるが，その気にさせるデザイン力があるかないかによって，効果は大きく違う(図 1.7)．

(7) 持続する取り組みに向けて—いつでも相互に連携をとれる「場」と,「資金」の確保を—

「船橋小径の会」は，2007 年で設立から 5 年目を迎えた．経験的にいうと，まちづくり活動の節目は，3 年目とか 10 年目に訪れる．いろいろな支援の仕組みも，活動の自立を促す面から 3 年程度で打ち切られるものが多い．それまでに持続可能な体力をつけておく必要がある．そうはいっても，日々の取り組みに追われて，ふと気がつくと 3 年経っていたというのが普通であろう．無我夢中でやってくる中で広がった活動の輪や，そこから生まれた目にみえる成果は，必ず次へつながる力となる．これまでに得られたものを冷静に振り返り，それを資産に持続する体制づくりを考える必要がある．

まちづくりの活動の共通の悩みは，よくヒトとカネといわれる．言い換えれば，組織と資金の問題である．たくさんの会員のいる「船橋小径の会」でも，中心的に動くメンバーの数は限られると聞く．しかし，まわりをみても，日常的に多くのメ

図 1.7　障がい者支援団体のパンフレット
デザイナーがかかわることによって，明るく楽しく活動に取り組んでいる団体の特徴をよく伝えている．

ンバーが活動にかかわっているケースは，むしろ少ないのではないかと思う．そもそも，ボランティア的性格の強いまちづくり活動においては，ピラミッド状の大きな組織形態はなじまないことがある．それぞれの思いが対等に位置する水平ネットワーク状の組織形態，あるいは，その時々の活動テーマに応じて，大きくもなり小さくもなる柔軟な組織形態の方が，現実的かもしれない．

日ごろから，大きな組織を維持するのはそれ自体，多大な労力を要する．時には，組織を維持することが目的のような状況になることもある．それよりは，フットワークの軽い小さな組織を基本としながら，大きな取り組みが必要な際に呼び掛けられる「場」をもつことの方が大切と考える．アメリカにおいては，さまざまなテーマ型活動団体が，ある目的のために相互に連携し合い，社会的アピールや政策への反映を獲得する状況を「パレード」と呼んでいる．日本では，この相互連携がなかなか生まれないようにみえる．各々，視点や方法論の違いにより他を区別することはあっても，違いを超えた融合は生まれにくい．そういう状況はあるにしろ，地域という単位で考えれば，地域課題を解決するために力を合わせることの合意は形成されやすいと思われる．多様な地縁組織やテーマ型活動団体が「地域」を要（かなめ）に，緩やかな関係を結ぶ「場」をつくり上げていくことが大切といえる．

資金の確保は，①志を同じくする個人や企業による会費や寄付，②活動のノウハウを活かした社会サービスの提供や関連するグッズや図書の販売などの事業収入，③各種活動助成金の獲得の3つが柱といわれる．それらがバランスよく構成されていることが望ましいが，特に助成金のみに頼っているのは限界がある．

個人の寄付に対しては，税制上の優遇が遅れているので，多額は望みにくい．寄付に対しては，活動状況や会計の報告などをきちんと行っていくことが大切で，労力がかかる．それらの問題はあるとしても，寄付はまちづくりへの参画の一形態でもあり，寄付を受けることによる緊張関係も，活動のよいエネルギーになる場合がある．事業収入は，介護保険制度や指定管理者制度ができたことによって可能性が広がったのと同時に，企業との競合関係も生まれてきている．また，まちづくりなどの社会活動は，無償ボランティアが基本との考え方も根強くあり，対価を得ることへの理解が乏しい．事業収入をあげるには，そのような状況があるので，なおさらに活動内容の公益性，つまり自分がやりたいことと地域が必要としていることが重なり合っているかどうかといった冷静な視点や，地域に根づいているからこそ可能な取り組みを掘り下げる姿勢が求められる．

(8)生き生きとした取り組みを支える―まちづくりを支える社会的基盤の整備に向けて―

このように活動の持続を考えると，まちづくりを支える社会的基盤がもっと整備されることが求められる．それは行政の支援の拡大を求めるのではなく，市民一人一人がともに支え合う関係をつくっていくことが大切と考える．支援をする側にいるときもあれば，支援を受ける側にいるときもある．そんな気持ちを常にもてる社会の実現に向けて，いろいろな取り組みも行われている．たとえば，杉並区NPO支援基金では，個人や企業からの寄付に際して，寄付者が助成対象となるNPO団体や活動分野を希望でき，寄付後も寄付の使途を知ることができるようにしている．この寄付者と助成対象の新しい関係をつくる試みは，浜松市や福岡市，横浜市などに広がってきている．

企業においても，たとえばイオンでは，地域のボランティア団体などの名称と活動内容を記載したボックスにレシートを入れると金額の1%相当額の品物が寄贈される，幸せの黄色いレシートキャンペーンを行っている．このように，寄付者と活動団体の距離を身近なものにする取り組みは，インターネットを活用した寄付システムや，日本野鳥の会カードのように利用金額の0.5%が

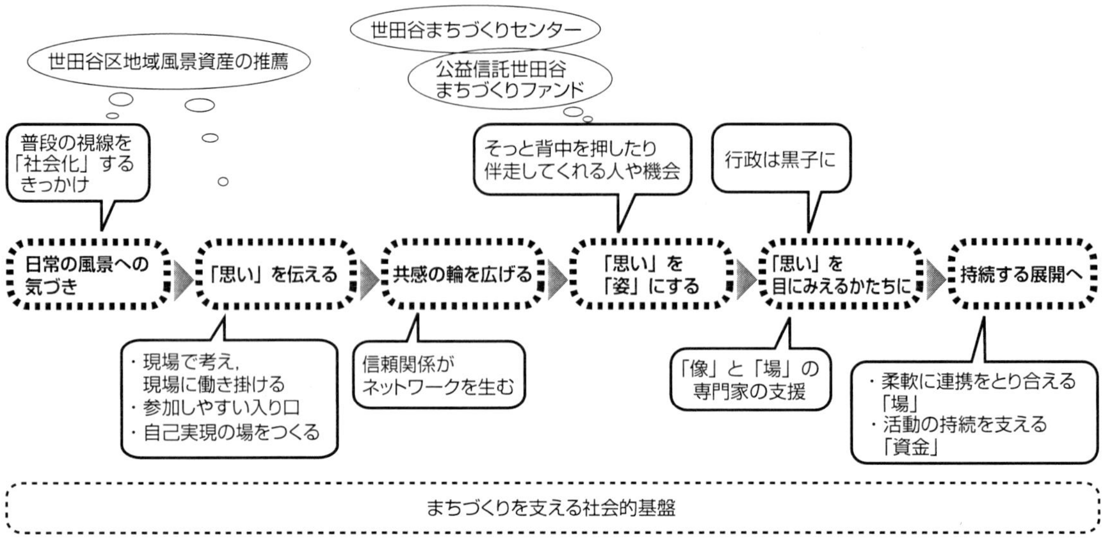

図 1.8　船橋小径の会にみるまちづくりの展開プロセス（石塚原図）

活動資金に回る仕組みづくり，商店街のスタンプ事業を金券還元だけでなく地域団体への寄付などへ広げる試みなど，多様化しつつある．

また，活動の側に参画する市民も広がりをみせている．ボランティア活動を単位認定する学校や，ボランティア休暇・休職制度を導入する企業などの取り組みが後押しをしている．さらに，2007年には団塊の世代が定年を迎え，企業においてさまざまな知識や技術を身につけた人材が地域に戻ってくる．まちづくりを支える社会的基盤を整備するよいチャンスかもしれない．

今，求められているのは，地域のために何かしたいという気持ちを具体の活動に結びつける仲介機能と，社会の期待に対して十分な成果をあげられる知識や技術を身につけるのを助ける教育機能である．地域のために何かしたい，少しのお金でも地域の暮らしを支える活動を応援したいと思っても，どこにどのような活動があるのか，その活動が信頼の置けるものなのかといった情報がなければ，思いで終わってしまう．活動の側からも同じで，どこに自分たちの力を求めている人がいるのか，活動を支える人や資金として眠っているものはないのかといった情報を得るには，膨大なエネルギーを必要とする．両者の思いやニーズを仲介する取り組みが大切になる．

また，急速に増えているNPOも，思いが先行し，思いを具体化する技術や財政基盤も含め，組織の運営能力に欠ける場合がある．企業の管理職で多くの部下を管理した経験があるからといって，純粋に自己実現を追い求める人たちの輪を，少人数であっても保つことができるとは限らない．生涯教育の講座でまちづくりワークショップの体験をしたからといって，さまざまな利害が輻輳する地域の合意形成にスムーズに対応できるわけではない．思いをかたちにするためには，より専門的な知識や経験を積めるトレーニングの場や経営力を高める学習の場が必要とされる．

◉ 1.2.4　常に学び合う姿勢を

本節では，「船橋小径の会」が生まれ育つ過程を，キーワードとともに振り返ってきたが，そこにいかに多くの主体がかかわっているかということもみてきた（図1.8）．ここで示したキーワードは，それぞれの主体がその時々の状況を最善のものに導く手掛かりであって，最終的にそれらの連鎖がどのような成果を生むかについて保証するものではない．また，社会は常に変動しており，10年前の知識や経験が今に役立つかは疑問である．

同じように，今成果をあげることのできた知識や経験が，将来にも通用するかはわからない．まちづくりの進め方を考える場合，具体のテクニックに価値があるのではなく，その具体のテクニックに行き着いた発想や課題に向き合う姿勢にこそ学ぶものがある．具体的なテクニックは，まちづくりの現場と日々格闘する中から身についてくるものである．逆の言い方をすれば，まちづくりの現場と日々格闘していれば，おのずと道が開けるというものでもなく，そこに，明確な理念や本質を追い求める姿勢がなければ，よい成果を生み出せないといえる．

どんなに経験を積んでも，現場から学ぶものは尽きない．筆者の個人的経験を振り返っても，地域合意の形成の場で，住民が地域の情報を一つ一つ自分のものにし，まちのあり方について明確な視点を形成していく力に感動することは多くある．行政から投げ掛けられた参加の場をきっかけに，住民が主体的にまちづくり協議会を立ち上げ，運営し，環境整備や地域交流にかかわるさまざまな事業を行う場にも多く出会う．時には，商店街の空き店舗に交流拠点を形成し，組織自体もNPO化を目指す例などもあり，潜在的自治意識の可能性を再認識させられることも少なくない．まちづくり活動の支援に携わってみても，単に自分のもっている専門的知識や技術を一方的に提供するという関係ではなく，それらの知識や技術を大胆に用い，思わぬ成果をあげる住民の姿から，日ごろの常識を見直すきっかけを与えてくれることも多い．

住民も，黒子に徹する行政の姿に接することにより，それまでの批判や依存の対象でしかなかった行政とは異なり，まちづくりのパートナーとしての行政の役割を再認識し，よき信頼関係を結ぶことがある．行政も地域の課題解決に真摯に取り組む住民の姿から，真のまちづくりの担い手は地域にこそあるという認識を改めて学ぶことがある．また，住民同士も，ともに地域のことを考え行動する場があれば，地域に多様な思いや考え方があるおかげでまとまらないとネガティブにとらえるのではなく，地域に多様な思いや考え方があるからこそ，出会いが楽しく，また，複雑な課題も解決に導く力が生まれるということを学ぶ．

まちづくりという大きなムーブメントにかかわる多様な主体が，それぞれの役割をきちんと果たしながらも，常に，相互に刺激を受け学び合う姿勢をもち続けることこそ，まちづくりのプロセスで最も大切なことといえるかもしれない．

（石塚雅明）

第 2 章 まちづくりのきっかけづくり

2.1 まちづくりの諸活動から—まちづくりの気運づくり—

◉ 2.1.1 圧倒的無関心の中で

まちづくりの活動で不安な要因の第一，特に行政職員側が不安視するのは，対立である．行政に対する苦情，面と向かって行政批判が行われるといった，行政対住民の対立がまずある．住民説明会などで苦情の攻勢にあっている行政マンには，住民嫌悪症のような症状を示す者もいる．また，もう一つの対立は，住民同士の対立である．ある問題をめぐり，価値観のぶつかり合いから住民同士が対立し合い，行政の事業も進まない，または行政の事業がきっかけで対立状態になってしまったというような例も少なくない．

しかしながら，対立が起こるほど意見表明がなされるうちは，まだよい方である．最大の問題は，圧倒的多数の無関心である．まちづくりの会合を開いても，実質的に参加者が少ない．参加者を集めるのに一苦労する．特に働き盛りの世代の参加が少ない．仕事が忙しく余裕がない，というのが大方の理由である．ボランティア活動などで地域にかかわりをもてないほどの過酷な労働条件によってしか，わが国の経済水準が保たれないというのでは，実際に先進国といえるか疑問でもある．働く世代にとっては，疲れた身体を休めるために休日はゆっくりしたいというのが本音であろう．その近代日本の成長を引っ張ってきた団塊の世代が定年を迎えるピークといわれる2008年以降は，変わりうるという期待の声もある．

しかし，はたしてどうであろうか．これまでも，政治に対する行動も投票率の低さにあるように，社会に対する冷めた意識，または希望をもちえない諦めのような心情が日本の空気に蔓延しているかのようである．青少年の意識の国際比較においても，将来への希望がないという若者像は，隣の韓国やアメリカ，その他，ヨーロッパの国々と比較しても，とりわけ顕著である（日本青少年研究所が2000年7月に中学2年と高校2年の男女を抽出して，アメリカ，フランス，韓国，日本の各1000人に対して実施した調査によれば，「21世紀は希望に満ちているか」という質問に対して“YES”と答えたのは，アメリカ86%，韓国71%，フランス64%に対し，日本は34%となっている）．

この厭世的空気は，マスメディアによる情報や，生活行動，産業経済活動，教育など，あらゆる面において漂う構造的なもののようである．いみじくも1840年にフランスの貴族出身のアレクシス・トクヴィルが予言している．彼は，フランス革命後の貴族政治の没落，市民社会の台頭期にアメリカに渡り，同国における自由経済の発展する社会を目の当たりにして，その活力に驚き，それを著書にまとめた．興味深い点は，アメリカの自由で平等な社会の経済的活力を評価しながらも，その将来の行く末に一抹の不安を抱いて，次のように述べている点である．

「民主的な国民を脅かす抑圧は，これまで世界に現れたどれとも似ても似つかぬ種類のものだろう……(中略)……そこにみられるのは，こころを満たす矮小・卑俗な快楽を手に入れようと休み無く動きまわる，無数の相似的で平等な人間の群れである．だれもが自分の世界にひきこもり，他のすべての人の運命にかかわりを持たないかのようである．だれにとっても，自分の子供と特別の友人とが人類のすべてである．その他の同胞に関しては，傍らに立ってはいても，その姿は目に映らない……(中略)……これらの人々の上には一つの巨大な後見的な権力がそびえ，それだけが彼らの享楽を保障し，彼らの運命を見守る任にあたる．それは絶対的で微細にわたり，几帳面で，用心深く柔和である．……(中略)……決して弾圧はしないが，人を妨害し圧迫し無気力にし，意欲を失わせ，感覚を麻痺させる．そしてついにはどの国民も，小心で働き好きな動物の群れにすぎなくさせられ，政府がその牧人となるのだ．」[1)]

主体の疎外，喪失は，社会学や哲学において古くから中心課題として議論されている事柄である．ポストモダンの哲学においては，認識する「主体の死」が問題提起されている．ボードリヤールは，『消費社会の神話と構造』という著書の中で，消費社会の豊かさの中での記号の消費に突き進む社会を明示した[2)]．彼の著書にも，トクヴィルが引用されているように，自由で物的に豊かな社会に潜む空虚な意識を形成する構造が解き明かされている．つまりトクヴィルの文章の「人々の上には一つの巨大な後見的な権力がそびえ，それだけが彼らの享楽を保障し，彼らの運命を見守る任にあたる」という「後見的な権力」というのは，為政者の意図というよりも，もろもろの記号の総体である．それは人間の無意識界に働き掛け，人の行動や意識を規定する構造となって，われわれ人間社会のより深い部分に根づいている．

そのように記号の消費に組み込まれている構造の中で，これから新しい主体が生まれるのかどうか．団塊の世代という，ひところは社会の体制を変えようという意識をもって行動した世代が，地域でどういう行動をとるか．または1995年から環境教育の10年が，また，2005年からは持続可能な発展のための教育の10年が始まったように，子どもたちも含めて次世代の主体の育成にどう力を注ぐか．まずは主体そのものに絞った取り組みがあろう．また，もう一方には，本書の主なテーマの一つである，人々が意識をもって主体として行動するようになるようなまちづくりの技法というものがあれば，そういう技法の探求と実践および普及によって主体をどう形成していくかということがある．ここでは，この後者についてさらに可能性を追求してみる．

◉ 2.1.2　住民参加のまちづくりの技法としてのワークショップ

住民参加のまちづくりの方法論としてワークショップが注目されてから，すでに四半世紀は経過している．地域づくりの面で最初の例は，東京工業大学の青木志郎研究室が，山形県飯豊町で1980年に開催した「椿講」(当時研究室の助手であった宇都宮大学の藤本信義教授が中心になって実施）といえよう．これは，青木研が農村計画の上で開発した，環境点検地図づくりによる住民主体のむらづくり手法の上に，アメリカの環境デザイナーのローレンス・ハルプリンらの住民参加ワークショップ手法を組み合わせて考案したものである．この結果，地域では10年後に，地域の一筆一筆の土地所有者の意向も踏まえて，土地利用計画を策定することになる．不在地主にも会いに行き，一筆一筆を土地所有者の意向を聞きながら作成した土地利用計画などは，日本広しといえどもほかにない．それほどまでに地域の主体性を喚起したワークショップとしても，この椿講は歴史に残る出来事でもある．

青木研では，さらに技官の小野邦雄が指導して，川喜田二郎のKJ法などを取り入れてワークショップ手法を開発し，長野県塩尻市のふるさとづくりに応用していった．そしてまた，藤本，小野らと筆者は，これらワークショップの方法を初めて都市に応用する機会として，3 日間のプログラムによる世田谷区のまちづくりの職員研修「歩楽里講」を，1981 年に実施した．

筆者は後に，世田谷区の太子堂 2・3 丁目の地区計画づくりのまちづくり協議会の中で，ワークショップを変形して応用していくことになる．変形とは，実はワークショップの形式は，そのままでは当時は地域に受け入れられなかったからである．1981 年に世田谷区太子堂 2・3 丁目地区まちづくり協議会の準備会の会合は始まったが，月に 1 回開催されている会議は，地区計画制度の話となると，議論をリードする層と，全く発言しない層に分かれてくる．また，「会議は踊る」ではないが，絶えず同種の議論が起こり，遅々として進まないというような状況に陥ってくる．「会議は面白くない」と，しだいに参加する人も減ってくるのが常である．また，町内会と別にまちづくり協議会という組織を設定していることから，町内会と協議会の関係もこじれてくる．協議会には町内会の役員も名を連ねているが，協議会の議論をリードする層が新しい住民層であると，町内会役員としては面白くないという心理が働くのか，しだいに町内会の役員層は協議会に出席しなくなり，協議会を無視する態度に出てきた．このような状況において，筆者らが提案したのがワークショップの開催であった．だが，当時は「ワークショップって何だ？　横文字ではわからない」などという反応が主であった．

そこで筆者らは仲間と策を練り，子どもにも間口を広げて町を探索する「歩こう会」や「タウンオリエンテーリング」などに応用し，またポケットパークづくりなどに実践的に取り入れていった（図 2.1）．このときに学んだのは，特別にワークショップという言葉を使用せずとも，方法としてワークショップ的なものを取り入れることによって，人の集まりは楽しく，しかも創造的にできるということである．ワークショップはそういう意味で子どもたち相手にも工夫できる技法である．むしろ，子ども相手のわかりやすさ，シンプルさというのが大事なようである．先の「歩こう会」でも，子どもたちにまちの「よいところ」の発見をしてもらうと，歴史や緑に加え，音や匂いなど五感でとらえた要素も加わり，地域のアイデンティティや住みよい条件を逆に子どもたちから気づかせてもらった．まちづくりは，そういう発見の共有の楽しさ，創造的雰囲気から参加者の輪が広がっていくものと思われる．

このように，ワークショップは人々に序列をつくらない．誰が先生で，誰が生徒でもない．参加者が水平的な関係で，互いに経験や感じたこと，意見，技術など，もっているものを出し合い（共有化，シェアリングというワークショップのキーワード），課題に対する解を提案したり，創造する．先のハルプリンらの方法論によると，R（リソース：資源），S（スコア：指針），P（パフォーマンス：行動），V（バリューアクション：評価）といったサイクルで，螺旋的に進む（図 2.2）．スコアの例を，表 2.1 に示す．資源を出し合い，指示に従い，行動して，結果を評価する，その結果が次の資源になるというように，システム立った集団創造の進め方である（図 2.3）．

世田谷区は，1992 年にまちづくりセンターを設立した．まちづくりセンターは，アメリカ流のコミュニティデザインのワークショップの手法を取り入れて，ワークショップの普及に大きな貢献をする．そして世田谷区は，まちづくりファンドの設立とともに，住民参加のまちづくりの推進においては他の自治体より抜きん出た先進自治体となっていった．そのさまざまな手法の紹介は，そのアメリカ流のコミュニティデザインワークショップを学んできた浅海義治氏による 2.2 節に譲ることにしよう．

ワークショップの方法が広まる以前に，普通に

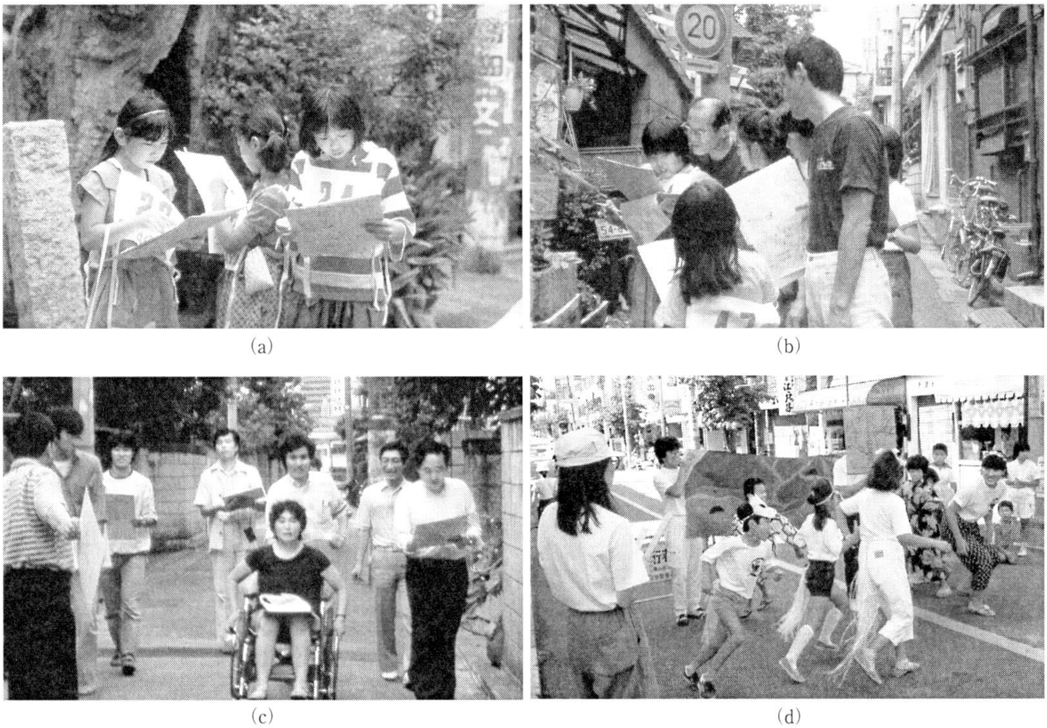

図 2.1　世田谷区太子堂 2・3 丁目まちづくりにおけるタウンオリエンテーリング（a，b），歩こう会（c），それらが祭となった「きつね祭り」でその名の由来の民話を路上演劇で示す子どもたち（d）（木下撮影）

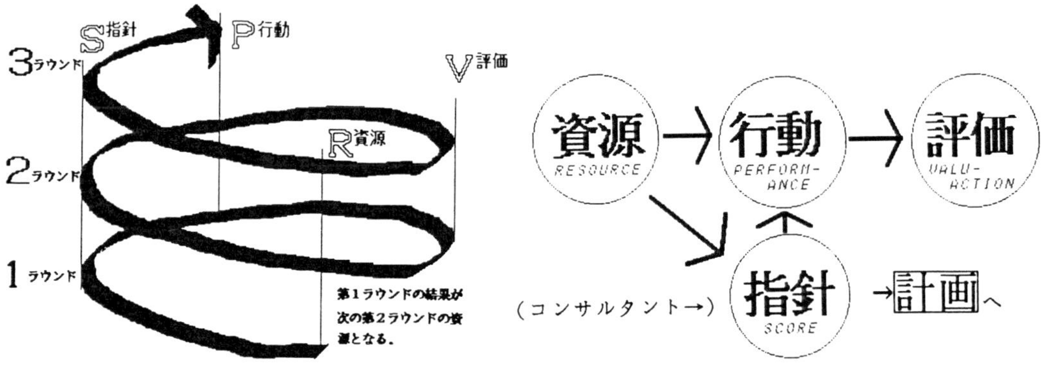

図 2.2　RSVP のサイクルによるワークショップのプログラムの組み方（木下原図）
L. ハルプリンの考え方を小野邦雄氏が修正して作成した図に基づく．

行われるまちづくりの住民参加の場面としては，公聴会的な説明会があった．この方法では，参加した住民からは，行政への苦情や質問，場合によっては詰問，またあるときは陳情型の意見が寄せられる形態となるのが，しばしばである．それを恐れる行政側の担当者は，説明に時間を費やし，結果として十分な質疑も行われず，参加住民には不満が残るだけという場合も少なくなかった．

そのような一方通行の説明会ではなく，住民の主体的な参加による実質的な方法論として注目されたのがワークショップである．これは前述のように，アメリカの実践に学ぶことが多かった．その方法は各種いろいろあるが，用意周到に準備されたワークショッププログラムにおいては，参加者一人一人の経験や知識からの声が整理されて，計画案を自分たちがつくったものとして認識し，

表 2.1　ワークショップ

スコア		目的	方法	適正規模 (G=グループ)	バリエーション，参考
導入スコア	部分動かし体操	身体の動きから緊張をほぐす	目，首，肩，胸，腰，足首，手首など前後，左右平行移動，力を抜く	不特定	野口体操
	コミュニケーションゲーム	初めての参加者同士，すぐに打ち解け合う	名前を連ねて紹介し合うネームチェーン，属性がしだいにわかる早並び競争など	10〜30 人	PETA の演劇ワークショップ
	似顔絵描き・他己紹介	描くことの抵抗感を拭い，また相手を知る	紙をみず相手の顔をみたまま，似顔絵を描く．互いにインタビューし合い，相手になりきって，全体に紹介する	2 人 / 組 ×2〜4 組 ×2〜6G	PETA の演劇ワークショップ
	月に迷ったゲーム	集団による作業のメリットを体験	月に不時着したという想定で，生き残るための設問を個人で答えた後，数人のグループでの答えを作成し，正解率を比べる	4〜7 人 /G ×3G 以上	NASA の開発による，世田谷まちづくりセンター『参加のデザイン道具箱』
	期待カード	参加者の期待を聞き，ワークショップとの関連づけ	集会への期待を各人にカードに書いてもらう．それを資源にワークショッププログラムを展開	4〜8 人 /G ×2〜6G	L. Halprinの Taking Part KJ 法
	イメージシェイプ	テーマの関連のイメージ像の糸口をつかむ	期待，記憶や理想など，テーマの関連のイメージを紙 1 枚で形づくる	不特定	PETA の演劇ワークショップ
オープンスコア	歩こう会・ウォッチング	ある視点からみて歩き，新鮮な発見を得る	グループで歩く．問題点のほか，良い点（資源）の発見，または各人で視点分担	4〜8 人 /G ×2〜6G	タウンオリエンテーリングなどゲーム化，路上観察などウォーキングツアー
	点検地図づくり	地図に落とすことから分布の構造を把握する	グループで大きな地図を囲み，気づいた点を地図に書き込む（カードに書いて貼る）	4〜8 人 /G ×2〜6G	大きな地図の上に人が乗って書き込む「ガリバーマップ」など
	写真投影法	各層の関心ある事物，風景をとらえる	世代，男女別など住民グループに使い捨てカメラを渡し，テーマの関連で撮影後，回収	4 人 /G ×10G 以上	1 人 6 枚ずつ撮り，次の人に渡す「移ルンです！」
	ファシリテーショングラフィック	会議で発言者の意見が位置づき，確認される	会議の議題（アジェンダ）に向けて，発言内容を大きな紙（ボード）上に関連構造をイラストなどを用いながら示していく	不特定	MIG（ダニエル・アイソファ）の方法
	ロールプレイ対立ゲーム	物事のプラス・マイナスの面を深めて認識	テーマの関連で賛成派と反対派（その中で配役も設定）に仮想して徹底的に議論する	10 人 /G ×2G 以上	PETA や A. Boal の演劇的方法
	バズセッション 6・6 方式	短時間に討議を集約	6 人ずつの班構成，小題を 6 分ずつの制限で班ごとに競い合って意見をまとめる	6 人 /G ×2〜6G	農村生活改善の普及教育
	KJ 法	自由な発想，事項の類型，整理	各人意見を項目ごとにカードに書き，類似したカードを集めグルーピングを重ね，整理	4〜6 人 /G ×2〜6G	川喜田二郎考案，ブレインストーミングと組み合わせて行われる
	思い出絵地図	各人の記憶からテーマに関連する糸口をつかむ	2〜3 分目を閉じて，子ども時代のテーマに関連する風景を思い出し，描く	4〜8 人 /G ×2〜6G	他己紹介につなげる環境自伝（思い出の場所の空間の質を記述）
	ウィッシュポエム	テーマの関連で最初に理想像を描く	テーマ○○について，「私の望むのは…ができる○○」と書き記し，発表し，討議	4〜8 人 /G ×2〜6G	H. Sanoff のデザインゲーム
	街頭インタビュー	さまざまな立場の意見を知る	主旨を説明しながら，意見を求める．情報収集以外，PR と対人不安の解消にもなる	2〜6 人 /G ×2〜6G	L. Halprin の Taking Part（アクティブリスニング）

に使われるスコアの例[12]

スコア		目的	方法	適正規模（G＝グループ）	バリエーション，参考
クローズドスコア	ビジョンゲーム	テーマの関連のイメージを広げ，共有化する	テーマに関連する 20 枚程度の写真の中から 4 枚の写真を選び，4 コマ物語を作成	2～5 人 /G ×6G	心理療法では絵カード使用
	形容詞探し	場所の感じを表現し，環境の意味を知る	環境を言い表す反語と対の言葉の 150 近いリストから，場所の写真などの印象を選ぶ	4～8 人 /G ×2～6G	H. Sanoff のデザインゲーム
	使い方デザインゲーム	図面の読み方を知り，使い方からチェック	施設の使われる行為に応じた大きさの紙を切り，図面上に配置し，不都合な点などを記す	4～8 人 /G ×2～6G	H. Sanoff のデザインゲーム
	旗上げ方式アンケート	リアルタイムなアンケートで意見交換を図る	事前にアンケートの選択肢 4＋その他を 5～6 問用意し，配付した回答番号札をあげた中でインタビューしながら議論を展開	30～50 人	多いときは 2 人以上の組編成．100 名以上のときはパネルディスカッション方式
	敷地読み取りゲーム	敷地の状況を短時間に体験的に情報収集する	質問形式の観察項目や敷地図周辺状況などが記された用紙をもって敷地を点検．スケール感をつかむための行為も入れたりする	4～8 人 /G ×2～6G	歩こう会
	ブラインドウォーク～テクスチャー擦り取り（フロッタージュ）	視覚以外の体感でとらえる	目を開けたガイド役が目隠しされたペアの手を引き，音や匂い，触覚などを体感する．触覚の気になる箇所は紙を当て擦り取る	2～6 人 /G ×2～6G	心理療法，ネイチャーゲームなど
	ノミナルグループプロセス	問題の重要性や優先順位を決定する	テーマに対して順にアイディアを出しきり（なければパスして次へ），そのアイディアのベスト 5 を点数制で各自出してランクづけ	6～9 人 /G ×2～6G	A. L. Delbecq と A. H. Van de Van が開発したブレインストーミング
	予算配分ゲーム	予算の選択という立場に立ってみたときの新しい認識を得る	できるだけ現実に近い全体予算，工事項目金額を設定し，予算相当のお金カードをグループに分け，買物ゲームのように進める	4～8 人 /G ×2～6G	H. Sanoff のデザインゲーム
	集団詩	コンセプト，イメージの共有化	歩こう会などの体験の後に印象を各自 5 行詩にまとめ，各行を切り取り，班で再構成する	4～8 人 /G ×2～6G	PETA の演劇ワークショップ（群読形式で発表）
	物語づくり・シミュレーションゲーム	コンセプトの明確化と共有化	発表に当たり，配役，場面などを決め，3 分程度の物語として発表	4～8 人 /G ×2～6G	H. Sanoff のデザインゲーム R. Hester のコミュニティデザインプライマー
	人間粘土・場面づくり・寸劇づくり	コンセプトの明確化と共有化	身体で形をつくり，数人の組み合わせで場面をつくり，事の前，後と 3 場面で構成	6～10 人 /G ×2～4G	PETA の演劇ワークショップ
	模型旗立て評価ゲーム	模型をみるだけでなく検討の材料とする	参加者から計画案への評価を集め，カードに書き（1 枚 1 項目）模型上に立て，順に検討（配置や他の可能性など）を行う	10～50 人	立体デザインゲーム L. Halprin の Taking Part H. Sanoff のデザインゲーム
	原寸確認ゲーム	現場で実際のスケールで検討，決定の確認	白線，ビニールテープ，段ボール，ベニヤ板，仮設工事資材，風船などで計画案のポイントを現寸で表現し，全体と部分を討議	10～50 人	L. Halprin の Taking Part C. Alexander の Pattern-Language
	施工ワークショップ	建設にかかわることから，施設に愛着をもつ	曼陀羅（まんだら）絵的装飾，材料の持ち寄りなど，素人でも参加可能な部分があれば，行事で行う	不特定	絵タイル，ビー玉，玉石，貝殻などで平板づくりなど

ここにあげた例は数あるスコアのよく使われる一部の例であり，スコア自体工夫を重ね，考案されていくものであることを付記する．

図 2.3　集団創造のプロセス[13)]
個人作業からグループ作業，そして全体化へ．

達成感や満足感を共有している例が数多く報告されている[3)]．

ただし，やみくもにワークショップを行えばよいというものでもなく，地域の状況，場の状況において，参加者の集め方や設定の仕方などの工夫が必要である．その点さえ怠ることなく進めれば，はるかに高い成果をあげるものである．

反対に，ワークショップの失敗は，ワークショップ＝参加のような誤解や過信によるものである．その対処としては，ワークショップはあくまでも道具という割り切り方をして，どう組み立てるかということ，使う側が道具に使われないようにすることが肝心である[4)]．

◉ 2.1.3　ワークショップは人の心に火を点けるか

ワークショップのキーワードに，意識化という言葉がある．演劇的方法のワークショップの系譜に位置づいて理論的な支柱となる，パウロ・フレイレ[5)]による造語である．識字教育の中で彼は簡単なワークショップ的方法を考案したが，被抑圧者の人たちが言葉の習得とともに主体的な意識をもつようになる方法の意味を，まさにこの意識化という言葉が語っている．そういう意味でワークショップは参加者の心に火を点け，意識をもって行動するきっかけをつくる道具ともなる．

しかし，ワークショップの普及とともに，ワークショップ＝住民参加というような錯覚や誤解，また，ワークショップを住民参加の免罪符のように使うといった困った例も生じてきている．そういう場合にはより不信感を募らせるだけであり，しかもワークショップによって意識や期待も高まった中での，その裏切り行為にも当たり，大きな傷跡を残すことにもなるので要注意である．ワークショップはあくまでも手法であり，住民参加そのものでもない．また，十分に熟練しない上で行うと，実行する側も思わぬ火傷を負う．

そうならないために，「意識化」というワークショップの本質を理解することが大事である．意識化とは，人の意識の広がりや覚醒，いわば人の認識が変わることにある．人が変われば，社会の構造を変えていくことにもなる．

では，ワークショップのプログラムが人を変えるのか，そしてそれは操作や誘導にならないか，宗教的な誘惑に人を陥れることと同じではないか，という心配も起きるであろう．

実際は違うのである．ワークショップが人を変えるのではなく，人が人を変えるのである．ワークショップの場におけるグループ内の対話により，他者の経験や情報，それらを分かち合い，ともに作業をする中で課題解決に取り組む．そういった連帯感のようなものから，内なる自信も強化されて，人は動き出す．そういう内発的な作用が人を変えていく．他者との関係において自分が認められることは，自信となり，人を積極的にする．これまでの無関心や諦めから，他者とともに変化をなそうとする舞台に立つ喜びや生きがいを感じさせてくれるのである．つまるところ，コミュニケーションなのである．

図 2.4　ワークショップのスタッフ[14)]
役割をもったスタッフがいれば，会議も効果的となる．

ワークショップは，そういうコミュニケーションを活発にする仕掛けでもある．そのワークショップの進行を司るファシリテーターは，決してリーダーではなく，参加者のコミュニケーションを活発にする触媒のような役割である．

この他者との関係における意識化は，集団心理操作として，それこそ宗教などで常套手段として使っていることではないか，という反論もまた出よう．いわゆる洗脳という操作はワークショップにはない．それは集団の構成メンバーの自由な討議が保障されている限り，排除できるものである．またファシリテーターがメンバーの声や表情，動きなどに敏感に対応する体制が整えてあれば，臨機応変にプログラムを修正して進めていくことができる．なお，ワークショップをしっかり行おうとすると，参加者が各 6 人程度のグループに分かれ，各グループにファシリテーターがつき，全体を進行するファシリテーターをプロセスマネージャーと呼び，その他，記録係や，材料調達の後方業務などの役割のスタッフが必要である（図 2.4）．ファシリテーターは，各グループの参加者の動向をみながら，「決して落ちこぼれを出さない」をモットーに，参加者一人一人の心の中の動きを読み取るために，熟練したコミュニケーションの経験を必要とする．

「市民参加は権力側の〈包絡（involvement）〉作用とつねにうら合わせになっている」[6)] とは，コミュニケーション理論の大家・ハーバーマスの言葉である．そのようにならないためにも，ワークショップが効果的に使われる必要がある．参加者の主体性を引き出し，主体的な取り組みがワークショップの特徴であり，市民参加，いや，市民主体のまちづくりの展開にワークショップは十分に役立つ道具となるのである．

◉ 2.1.4　対立をエネルギーに

まちづくりに対立はつきものである．その場合にどのように対応するか．本節冒頭の問題提起への筆者なりの答えを述べよう．全く無関心であるよりも，対立が起こるくらい意見をいい合っている方がまだよい．ただし，顔を合わせない対立はよくない．顔を合わせるように場を設けることである．中には何度会っても憎らしいものは憎らしいという人もいるだろうが，人は何度も顔を会わせているうちに，親和的になるものである．そういう情的なもののみに頼るわけではないが，そういう点も技術に組み込んでいくことである．

そこで，一方に対立の論点を明確にしていく科学的アプローチも重要である．変に憶測やガセネタで議論するよりも，対立点を明らかにし，その相互の主張の根拠となるデータを求めていく作業である．それをワークショップとして自分たちで調べたり，専門家の協力を得たりして，実証化の作業を行っていく．実験，実測以外に人の意識を測る配票調査というような方法もある．

ただし，対立点のどちらが正しいというアプローチを理詰めでしていては必ず失敗する．地域においては，勝者・敗者という区分がなされると，それはしこりとして長く残っていくし，実際，そういう区分は存在しえない．

ではどうするかというと，聞くことである．相手の言い分を聞くこと．L.ハルプリンのワークショップに，アクティブリスニングというのがある[7]．相手の主張をていねいに聞くことである．その話の中から有意義な部分，納得いく部分を取り上げて，全体の検討に乗せていくことである．これは決して妥協とか，また，ガス抜きでもない，ワークショップでいうところの集団創造の方法なのである．また，KJ法で川喜田二郎がいうところの，分類の集団に入らない1枚だけのカードのグルーピング（一匹狼のカード）の尊重でもある[8]．弁証法的には，排除項に新しい芽をみる，止揚のきっかけとなるものである．

ただし，日本社会の中では本音と建前というのがあるため，大勢の前でいっている意見の根っ子に隠された本音というものをとらえる努力も必要である．それには個別のヒアリングがよい．これもアクティブリスニングである．大勢の前では個人的理由は隠されるからである．

そして，相手の話を聞いた後に，相手も当事者であり，対話の場におけるプレイヤーとしての権利と義務があることをやんわりと訴えていくことである．

筆者は，太子堂2・3丁目まちづくり協議会の活動の中で，広場・緑道部会長として，かつて用水路であった暗渠化された遊歩道の上に水の流れを整備する事業への推進派（自身も推進派というか提案者の一人であったが）と反対派の間の座長として，2年半にわたる協議の調整を経験した．反対派は，この案を考えた張本人を筆者に特定して攻勢をかけてきた．「協議会のニュースでお知らせしているし，それをみなかったあなたたちが悪い」などとはいえない．とりあえず，反対するあなたたちも協議会に入って議論してくれと要望しつつ，協議会はニュースを全戸に自分たちで配布し，月に1回の会議は住民なら誰が参加してもよいのだから出てくれと，相手にも少し負い目的な感じをもってもらう．そして月に1〜2回の対話の協議には，沿道の住戸各戸に会議の内容と次回の案内の簡単な手書きのチラシを毎回配布して臨んだ．

その会議の場では，相手の反対理由の項目を1つずつ点検したり，時にその問題を現場で検証するためにワークショップを行ったり，また，他事例の視察など，反対派と推進派が同じものをみてどう考えるかなど，対話を重ねていった（図2.5）．その結果，相手の意見から，当初の案の欠点も明らかになり，より望ましい形への修正の提案がなされた．

そのように，反対の意見には，よりよい改善策を考える問題提起も含まれているのである．そういう意味で，対立を，よりよい解決策を導き出すエネルギーに転化して，取り組んでいくことも必要である．

◉ 2.1.5 開かれた組織の連携による地域ガバナンス

ワークショップが開かれたりする前にも，根回しは必要である．この点が，西洋的な合意形成と異なる日本的精神風土というものであり，全く無視はできない点である．公式の会議は形式であり，その前に根回しを行っておく必要のある人物は誰か，そういう下準備は必要である．ボタンの掛け違いでこじれると，後々まで尾を引き，まとまるものもまとまらないというのは，よくあることである．内容よりも，そういう形式，いわば序列を気にする文化は，かつてに比べれば薄れてきたとはいえ，未だ残っている．

特に，町内会など，歴史的に古い自治組織の場合には，地域内の旧家，本分家，地主などの序列があり，そういう構造を先に調べておく必要がある．そういうところでは，在住歴数十年でも新住民といわれることもあり，新住民層がまちづくりをリードすると，まちづくりの会対町内会といった対立も起こりやすい．

アメリカでまちづくりワークショップの手法を

(a)　(b)

図 2.5　世田谷区太子堂 2・3 丁目まちづくりにおける，せせらぎ整備の反対派・推進派を交えての，(a) ワークショップと (b) 現場会議（木下撮影）

駆使しているロビン・ムーアによると，ステークホルダーの人たちは忙しいので，ステークホルダー用の短時間のワークショッププログラムをまず先に行い，事業内容を知らせ，意見を聞いておくという．わが国ほどではないにしても，話を通す順序はアメリカにもあるようだ．

しかし，わが国では，地域の重鎮がワークショップに参加ということは，なかなか考えにくいかもしれない．かといって，昔ながらの一席を設けるというやり方も表立ってはすすめられない．個別にあいさつまわりをするという，これまた伝統的方法であるが，そういう儀礼的な面というのも欠かせない地域もある．

しかしながら，意識ある新住民層は，町内会などの自治組織が非民主的であると，そちらばかりを向く行政に反発も感じる．その点が難しいところである．形式と，非形式というか実質との組み合わせ，立てるものは立てていかないと回らない権力構造と実質的主体の発掘とをどう絡めて進めていくのか，この点に課題がある．

先に紹介した太子堂 2・3 丁目まちづくり協議会の場合には，まちづくり協議会の議論において新住民の層がリーダーシップをとってから，町内会とまちづくり協議会は対立の構図であった．しかし，10 数年を経て，連合町会長を会長に迎え，両者の関係は重集合的関係となった．結果，地域の問題解決能力の向上（キャパシティビルディング）となった（図 2.6）[9]．町内会の地域社会運営組織とまちづくりなど，テーマ型の組織が補完し合う関係である．地域社会の抱える問題は複雑化し，従来の伝統的構造では対応しきれない．そこに，新住民層の中での意識ある層や，NPO など専門的知識や技術をもった層のかかわりが求められる．

しかしながら，組織や集団が補完し合う関係の連携を組むことは，わが国ではなかなか難しい．互いに相手の足を引っ張ったりする関係になってしまう．NPO 同士でもそうであるという．

これは，次のような心理によるのではないか．自分たちの組織は完璧であると思い込んでいる．図でいうと円が閉じたものであり，他の者が協力しようかというかかわりを排除してしまう．また，他者から自分たちの欠けている点を指摘されるとムキになって反発する．そのようにして対立も生

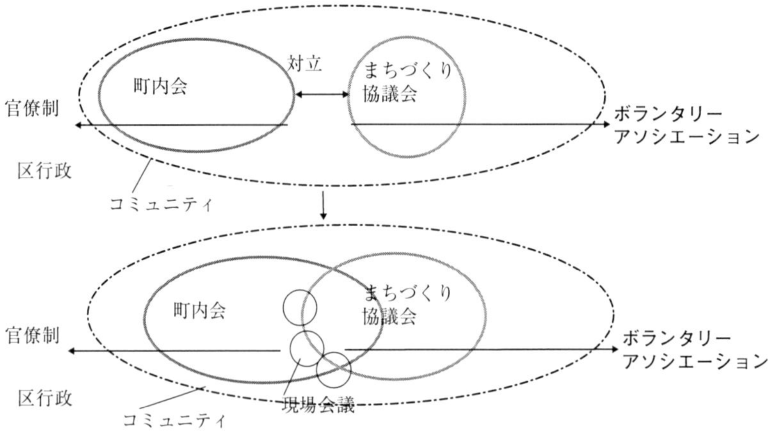

図 2.6　世田谷区太子堂 2・3 丁目まちづくり協議会と町内会（連合町会）との関係の変化[9]

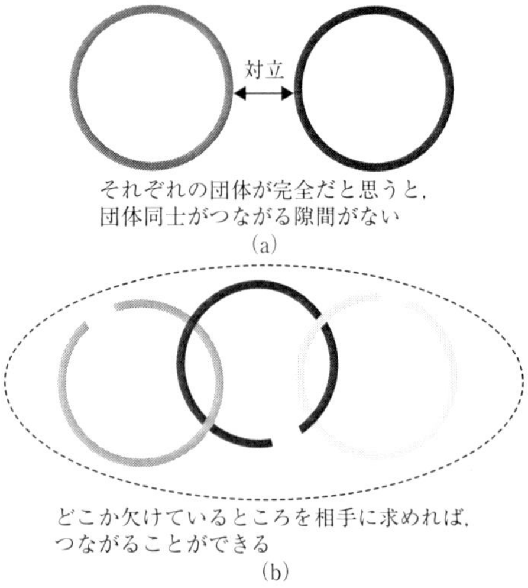

図 2.7　組織の連携のイメージ（木下原図）
(a) 排他的で対立の起こりやすい状態．(b) 互いに足りない部分を補い合おうとし，連携の組みやすい状態．

まれやすい（図 2.7 (a)）．むしろ円のどこかが欠けた状態，つまりどこかが足りないという不十分さを認めてしまった方が，足りないところに強い他者を受け入れ，連携も組みやすいのではないか（同図 (b)）．実質上，企業の戦略的合併はそういう論理で進む．

O よりも C という字のように組織の形態を考え，チェーンがつながるように連携を組んで助け合う．これは，台湾中部の地震の後に，都市と農村，地域の自治組織と専門家や支援のボランティア組織の連携による復興支援で活躍した，ある女性リーダーの言葉である[10]．林 泰義氏はこのエピソードを紹介し，C はコミュニケーション，コミュニティ，コラボレーション，コーポレーションの C と，C の字の連携を NPO の連携イメージとして唱える．筆者はこの話を聞いて，ボランティアの精神として金子郁容が，バルネラビリティという言葉を紹介している一説を思い出した[11]．C の穴のあいている方向をみる．そういう欠点や弱々しい部分を素直に認めることから，他と連携する道が見つかるのではないだろうかと．

◉ 2.1.6　インフォーマルなプロセス

筆者は，自分の住む地域でまちづくり活動を実践することをモットーにしている．前述の世田谷区太子堂 2・3 丁目地区も，10 数年住んだ中での活動である．そして現在は，千葉県松戸市小金地区でも，住民として，また専門家としてまちづくりに 2000 年からかかわっている．前述の太子堂 2・3 丁目地区が新住民層中心のまちづくりならば，こちらは，地主層，旧住民層が中心のまちづくりである．

このはじまりは，駅前の第 2 弾の再開発計画がバブル崩壊後の経済状況から暗礁に乗り上げ，商店街をはじめ地区の衰退を案じた権利者の中の有志が，何か地域の活性化のためにすることはできないかと考え出したことによる．筆者らは，世田谷区での実践と同じように，最初に子どもたちとまち歩きをすることを提案した．それが「わくわく探検隊」というイベントになり，1998年より毎年の開催となって継続されている．その企画の中心は地域の名刹（めいさつ）の副住職・S氏と，他の地主層の有志数人，そして小学校教師に外部からの専門家たちである．この組織を「引前（ぴきまえ）倶楽部」という．

この地は旧水戸街道の宿場町で，「わくわく探検隊」では，それら歴史的場所や，住宅の庭の緑，周辺農家の畑などを訪ね歩く．その準備過程で，ポイントになる地主や店舗もしだいに巻き込まれていく．歴史的場所であると子どもたちに説明をする過程で，自身にもその歴史についての再認識や誇りが生まれてくる．また，庭の緑や地域の大木についてもそうである．そのようにして，地域の資源について，愛着や誇りが共有のものとなってくる．

このような取り組みの中でかかわってきた人たちに，企業を定年退職したばかりの地主層がいる．町内会は彼らの上の世代が取り仕切っているので，その後継者世代に当たる．元本陣の17代目のO氏は，「わくわく探検隊」で水戸黄門に扮して以来，探検隊を支援し，また，自宅の片隅に居酒屋を開いた．この居酒屋には，屋号のある地主層が焼酎の信楽焼きのボトルを置き，飲みに来る．隣り合う町内会同士の不仲の愚痴もそこで出る．そのようにして地域の状況を熟知しているO氏は，町内会同士の連携の調整役を演ずるようになった．

この居酒屋は，イギリスのパブのような機能をもち，地元の人が来て，まちづくり談義をする．そのようにして，まちづくり組織が2003年に生まれた．それを「小金の街をよくする会」(以下，「よくする会」）という．この会も仕掛け人は前出の副住職・S氏である．この点が，一つには地主層が動き出すポイントでもあろう．しかし，地主層には地域社会の運営の責任もある．商店街の衰退は企業としては経営責任が問われる．そのような背景から，企業定年退職後の地主層は，長老支配の町内会とは別に，まちづくり会社のような組織を立ち上げることに意識をもっていった．現在，会員は45名にのぼる．クリスマスイルミネーションで駅前や通りを飾る事業を筆頭に，通りを花で飾る事業「花小金」を小学生とともに行い，「わくわく探検隊」の支援，秋の「ぶらり市」や，寺でのコンサートなどの事業を行っている．そして，2004年度には，旧水戸街道沿いの電線地中化を目指し，それに合わせての景観づくりのためのワークショップやアンケートを行い，景観整備のガイドブックを作成した．

「よくする会」の事務局を務めるT氏も，企業退職後にまちづくりにかかわってきた人物である．その技能や性格を生かして，組織の名幹事役を務める．そしてさらには，自宅のカーポートを地域に開いたポケットパークに整備した．デザインと施工は学生が行い，建設はT氏の友人でとび職のY氏が手伝った（図2.8)．土地はT氏の持ち物であり，材料費もT氏が出資している．しかし利用は公共に開かれている．普通にはありえないことである．

このようなことが起こりうるのも，コミュニティ居酒屋での酒の勢いもあるかもしれない．または，「わくわく探検隊」などからの全体の空気がそうさせてきたのかもしれない．ゆとりある地主だからできること，といった特別視される向きもあるだろう．しかし，過去をみれば，地主は地域に対する責任をもって貢献してきた歴史をもつ．いわば，自分たちでまちをよくしていくための新しい公共の場の創出であり，画期的なことである．このポケットパークは地域の人たちにも喜ばれて，景観づくりのガイドラインでも，庭の緑を活かすように，通りと一体となった整備を奨励するモデルともなっている．

この小金地区の組織の関係を図で示すと，やはり，組織の重なり合い，いわば重集合的関係がみられる．伝統的地域社会の中では，とかく地主層

(a)

(b)

図2.8　個人宅のカーポートがポケットパークに（千葉県松戸市）（木下撮影）
(a) 整備前, (b) 整備後.

の旧住民層が中心となりがちであるが，ここでは「よくする会」が「引前倶楽部」と一部重なり合う関係をもち，外部の者や学校を介して新住民層との連携が生まれている．

ここでの活動は行政には全くかかわらず，地域の中でのインフォーマルなコミュニケーションのプロセスによって生まれてきたものである．このような活動は，むらおこしやまちおこしにはよくみられるタイプである．ある活動が，次の活動につながり，というように連鎖していく．それは組織のつながり，いや，人のつながりによるものであり，定式化されたものはない．部分的にワークショップの技法でまち歩きや地図づくりなどを行っているが，それらは調味料的な要素で，楽しさ，面白さの味を引き立たせるものかもしれない．

◉2.1.7　リーダー願望よりも行動を

コミュニティの衰退が叫ばれて久しい．防災，防犯，高齢者福祉，少子化対策と子育て，そして景観や土地利用，開発のコントロールといった複雑化する課題に，伝統的コミュニティ組織では対処できないという地域も少なくない．地域社会の中では，隣近所の関係よりも各世帯では個々人の生活大事と閉じこもり，地域社会（コミュニティ）そのものも成り立たないように，個々人に分断化されてしまっている．まるで前掲のトクヴィルの予言が当たっているかのようである．

このような状況に対して，住民自身によるまちづくりは分断化された地域社会の関係性を再構築し，地域社会のキャパシティビルディング（問題解決能力の向上）につながるものである．それは，多様な主体の緩やかな連携を築いていくことによって築かれる．そのためにも，出る杭は打たれる式の，新しい人材や組織の芽が摘まれる社会風土を変えていく必要がある．

ワークショップの手法は，場を面白くし，参加者が楽しく，しかも創造的に物事を進めていく道具であり，使いようによっては効果的に参加者の主体性を引き出し，創造的な結果を導き出す．しかし，道具はあくまでも道具であり，場と状況を読み込んで使う必要がある．重要なのはコミュニケーションの活性化への創意工夫であり，そのためのファシリテーションの技術も場数を踏んでくれば，各人の個性の上に独特の方法が身についてくるであろう．

よくまちづくりの現場で，他の先駆例をみては，「あそこにはあのリーダーがいるから，うまくいくのだ．うちにはリーダーがいないからな」と嘆く声を耳にする．いわゆるリーダー願望では事は進まない．同じ人間がほかにいないように，同じタイプのリーダーを求めても無意味である．また，誰かが引っ張ってくれるのを待っていても進まない．

まちづくりに合意形成は欠かせない．そして，地域の中には，いろいろな考え方や立場の違いがあり，合意形成がそう簡単ではないことも事実である．しかし，波風が立たないと，トクヴィルの予言のように，個人の世界に閉じこもり，無気力，無関心の渦の中に埋没してしまう．今の社会では，波風を立てることの方が，まちづくりの推進につながるのではないだろうか．ただし，あせることなく，船に乗るべき人物を探し，櫓(ろ)をこぐ人間，舵取りをする人間が出てくることを期待して，ワークショップの船の試乗会をすることからでも，何か変化が生まれてくるだろう．（木下　勇）

文　献

1) トクヴィル，A.（岩永健吉郎・松本礼二訳，1972）：『アメリカにおけるデモクラシー』，研究社［原書 1840］.
2) ボードリヤール，J.（今村仁司・塚原　史訳，1979）：『消費社会の神話と構造』，紀伊國屋書店［原書 1970］.
3) 浅海義治・伊藤雅春・狩野三枝（1993）：『参加のデザイン道具箱』，世田谷まちづくりセンター；伊藤雅春・大久手計画工房（2003）：『参加するまちづくり』，農文協.
4) 木下　勇（2007）：『ワークショップ―住民主体のまちづくりの方法論―』，学芸出版社.
5) フレイレ，P.（1967）：『伝達か対話か』，亜紀書房.
6) ハーバーマス，J.（河上倫逸・耳野健二訳，2003）：『事実性と妥当性』，未來社［原書 1992］.
7) Halprin, L. and Burns, J.（1974）：Taking Part ―A Workshop Approach to Collective Creativity ―, MIT Press.
8) 川喜田二郎（1967）：『発想法』；（1970）『続・発想法』；（1973）『野外科学の方法』；（1977）『ひろばの創造』，中公新書.
9) 木下　勇（2006）：町内会とまちづくり協議会．高見沢　実編『都市計画の理論』，学芸出版社.
10) Hayashi, Y. and Yu, Chao-ching（2001）：An empirical study on the basic ideas and methods of community rehabilitation and various phases of rehabilitation activities in earthquake-afflicted communities. "Building Cultural Diversity Through Participation", Council for Cultural Affairs, pp.342-365.
11) 金子郁容（1992）：『ボランティア』，岩波書店.
12) 木下　勇（1995）：ワークショップによる市民まちづくりの展開．都市計画，No.194，39-42.
13) 木下　勇（1991）：ワークショップによるむらおこし．木下　勇編『むらと人とくらし』，No.38，農村生活総合研究センター，pp.1-61.
14) Interaction Associates（1983）：Manage Your Meeting, Interaction Associates.

2.2　まちづくり支援の仕組みから

まちづくり支援の取り組みが各地に広がっている．NPO による支援センターの設立，行政による協働事業や条例制定，専門家によるアドボカシー活動，民間企業や財団による市民活動助成など，多様な形態がみられる．これら，各セクターによる支援活動の広がりは，まちづくり支援の必要性への社会的認知の高まりを示している．その背景には，行政や専門家内に閉じられた従来のまちづくりに限界がみえ，地域住民が積極的にかかわる必要性が明らかになってきたことがある．住民の主体性や発想力と適切な責任分担が，これからのまちづくりのカギとなっている．そして，まちづくり支援の取り組みは，今後も増え続けると思われる．しかしながら，まちづくり支援は未だ発展途上の分野である．

まちづくり支援とは何か，その効果はいかにして高めることができるのか，まちづくり支援を志す者は，これら「支援の質」の問題について，常に自覚的に問い続けることが求められる．

本節では，1992 年の設立からこれまで筆者が運営にかかわってきた，公益信託世田谷まちづくりファンド（以下，まちづくりファンド）と，世田谷まちづくりセンター（以下，まちづくりセンター）の 14 年間の活動を事例に取り上げつつ，まちづくり支援のあり方について考える．

◉ 2.2.1　まちづくり支援は現場から

まちづくりとは何か．人々が自分たちの暮らすまちに目を向け，まちへの想いや課題などについて多様なコミュニケーションを重ねること．そのことによって，まちの大切な宝を発見すると同時に，ともに暮らす豊かさへの知恵と活動が一つ一つ芽生えてくること．そのプロセスの積み重ねが，人と人との関係，人と環境との関係を紡ぎ，地域

(a)

(b)

図 2.9　プロセスをデザインする（北沢川緑道せせらぎ再生プロジェクト）
(a) 設計を原寸デザインゲームで考える（1994年，まちづくりセンター撮影），(b) 復活したせせらぎの通水式（1997年，まちづくりセンター撮影）．

のもつ潜在的な力を掘り起こして課題対応力を高めること．その結果として，コミュニティ固有の美しい表情がまちの中に育まれること．まちづくりとは，このような個々の過程に意義がある，まちの物語を育む行為といえる．

このようなまちづくりに対する支援とは，現場主義のきわめて能動的かつ創造的な行為である．支援者はまず，まちづくりの現場に身を置き，多くの住民と対話を重ねてコミュニティの成り立ちを理解し，まちづくりのプロセスをともに歩む姿勢をもつことが不可欠である．そして，目の前の住民がもつ想いや課題認識を出発点に，その認識に至る地域背景を理解して「まちの抱える本質的課題」を探り，支援の目的そのものから考えるスタンスが重要となる．

まちづくり支援の目標と適切な支援策を導くカギは，常に個々の地域やコミュニティのコンテクストの中にあり，支援者の側にあらかじめあるわけではない．個々の現場の異なる状況に合わせた支援のあり方や方法を柔軟に発想することが，支援者に求められるのである．この点が，まちづくり支援の面白さであり，難しさでもある（図 2.9）．

◉ 2.2.2　まちづくり支援の内容

まちづくり支援とは，具体的にどのような内容なのか．以下に，「支援のプロセス」，「支援の対象」，「支援者の役回り」の3つの視点から述べる．

a.　まちづくり支援のプロセス

まず，まちづくり支援の内容を，まちづくり活動の発展段階に沿って描く．ただし，個々のまちづくり現場の発展段階は必ずしも一様ではないので，あくまで一般的なプロトタイプとして示す．

①まちへの気づきを生み出す：　まちづくり支援の第1歩は，まちのあり方に関心をもつ住民を幅広く発掘すること，育むことから始まる．

まちづくりに関心をもたない人は多いといわれるが，まちの現状や変化にとまどいや不合理を漠然と感じていることは少なくない．たとえば，地域の中の好きな場所や風景は誰でも答えられるが，そのことをきわめてプライベートなこと，私事とし，社会的価値として考えないことが一般的である．まちづくり支援に求められるのは，そのようにして埋もれている一人一人の想いを掘り起こし，まちや社会とのつながりに気づくようにすることである．まちづくりの出発点は難しいことではなく，日々の暮らしの延長上にあるのである．

②気づきを活動につなげる：　多くの人々にとって，自分の想いを具体的行動に移すことは，少なからぬ決意と勇気が必要なものである．

必要なのは，1歩を踏み出すきっかけや，背中を押してくれる人である．そのためには，さまざまな切り口から，関心や課題意識を共有する人々が出会える場をつくること，実際の活動現場に接する機会を多様にすることがあげられる．互いに共感し語り合える仲間をつくり，活動の楽しさ，感動できる実例や成功体験を重ねることが重要である．

③地域にコミュニケーションを広げる：　まちづくり活動が進むと，仲間以外の多様な考えをもつ他者とのコミュニケーションが不可欠になる．立場の異なる人々にも関係を広げることによって，活動が真に地域に根付いていくからである．しかしながら，活動を地域に開き，他者との関係構築に積極的に取り組み，話し合いを重ねながら創造的解決を見出していくことは，時間や労苦を伴うと同時に，簡単なことでもない．

情報発信など，他者へのコミュニケーションの開き方，多様な地域住民の声を集める合意形成の図り方，地域に活動の輪を広げ信頼を築く進め方，活動の楽しさや充実感を実感できる活動スタイルなど，経験知や専門性が，支援には求められる．

④セクターを超えた協働を育む：　まちづくりでは，行政や企業との関係構築が必要になるケースが多い．しかしながら，ボランティアベースで分野横断的に考え動く住民活動と，組織的ルールのもとに部署単位で動く行政や企業との協働は，簡単なことではない．意思決定システムなど組織文化の相違が，協働の妨げになるケースが多くみられる．

セクター間の協働関係を築くには，それぞれの立場や行動原理への理解を相互に深めることがまず重要である．その上で，共有できる目標を見出すことが大切となる．そのための支援には，住民活動への共感とともに，自治体や企業の組織文化や制度に習熟していること，摩擦を乗り越える粘り強さやコーディネート力，さらに，公平性，中立性など，社会的信用力を築いておくことが求められる．

⑤社会システムにフィードバックする：　まちづくりは，個々の現場だけの成果に終わらせるのではなく，住民が発想する「公共性」のあり方を広く提言し，社会システムにフィードバックすることに重要な意義がある．そのような積み重ねが，閉ざされた社会運営システムを変革し，まちの多彩な人材を活かす，育てる発想や創り出す発想を大切にした地域社会をつくることにつながる．

まちづくり支援としては，個々のまちづくりの現場が投げ掛ける社会的な意味を掘り下げ，大切な価値観として発信し，提言していくことが重要になる．そのためには，支援対象や支援行為から1歩離れた，客観的視点をもつことも，支援者にとって大切である．

b.　まちづくり支援の対象

まちづくり支援とは，そのプロセスにおいて，何に対しどのような働き掛けを行うことなのか．それは，①主体形成，②社会基盤整備，③関係構築の3つの領域に分けてとらえることができる（表2.2）．

①主体形成（行為者への支援）：　まちづくりの主体は，そこに暮らす住民，人々である．そこで，まちづくり支援の第1として，人づくりがあげられる．個人，グループ，団体などへの，まちづくりの主体としての意識啓発や学習に直接的に

表2.2　まちづくりの支援対象

まちづくり支援の内容	支援の対象	支援手法や必要な専門性
主体形成	人	啓発などの動機づけ，技術・知識などの相談やアドバイス，知識修得や能力開発，組織運営支援など
社会基盤整備	取り巻く環境	場所・モノ・カネ・情報・ネットワークなどの資源発掘と供給の仕組み，制度，条例，法律など
関係構築	人と人，人と環境とのインターフェース	情報発信，意見収集，合意形成，ワークショップや会議運営，発信メディアや編集デザイン，交渉術やコーディネートのノウハウ

かかわることが，重要な支援内容となる．

まちづくり意識とは，上から学ぶものではなく，人と人の相互学習の中から芽生え，培われるものである．他者との多様なコミュニケーションが自らの視野を広げ，まちの環境の再発見，暮らしの質とまちのあり方との関係性の気づきにつながる．そのような，自発的発見の機会を創出する支援が大切である．また，グループ形成過程においては，活動目標の設定，活動計画づくり，資金獲得なども含めた組織運営についての支援も求められる．そのためには，企業マネージメントと異なった，個人の自発性に基礎を置くボランティア集団の組織マネージメントへの理解とノウハウが不可欠である．

②社会基盤整備（取り巻く環境への支援）：　まちづくり活動を継続して発展させていくには，活動を支えるための，人，モノ，場所，カネ，情報などにアプローチできる，社会システムや制度の整備が必要である．まちづくり支援の第2の内容として，そのような環境を整えることがあげられる．

このような社会基盤は，日本においてはまだまだ脆弱である．情報の提供や開示によるまちづくりの透明性の向上，地域の創意工夫を柔軟に受け止める助成金制度，柔軟な使い方が提供される身近な活動場所など，今後の拡充が求められる．また同時に必要な発想は，まちの中に埋もれている潜在的資源を掘り起こし，その資源を活用可能な形にする創意工夫である．さらに，支援が必要な人やグループの意図を理解し，適切な資源を必要な人々に結びつけるコーディネート機能の担保が，支援制度やシステムの効果を上げる上で不可欠である．

③関係構築（行為者と環境とのインターフェースへの支援）：　まちづくりを進めていく上では，地域に暮らす多様な住民，企業や自治体，専門家など，活動を取り巻く人々や組織との対話や協力関係を培うことが不可欠になる．まちづくり支援の第3の内容には，まちづくりの行為者とまわりの人々や組織との関係づくりがあげられる．

関係づくりに必要なのは，コミュニケーションや合意形成への支援である．特にまちづくりにおいては，人々の水平な関係の中で意思決定を図っていくことが求められる．どのようなかたちで関係者の意見を集め，ものごとを決めていけばよいのかなどの，進め方についてのノウハウが必要である．また，まちづくりの活動が大きくなり，具体的になればなるほど，活動主体の社会的立場を踏まえたパブリックリレーションのあり方が重要となる．誰に，どんな方法で，何を発信していけばよいのかなど，対外的コミュニケーションを確保するメディアの構築や編集デザインも重要となる．

c.　支援者の多様な役回り

それぞれのまちづくりの現場では，多様な住民，そして行政や企業と住民が交錯し，共感も生まれれば摩擦も生じる．まちづくり活動を魅力的にし，活力を維持していく上で大切なのは，関係者の意識を高め，個々の能力を引き出し，よりよい触発関係と集団創造力を生み出す，現場のダイナミズムを形づくることである（図2.10）．ここでは，そのような現場のダイナミズムを生み出す，支援者の役回りについて述べる．

ただ，下記に述べる多様な役割を1個人がすべて担うことは現実的でなく，かかわる集団としての対応力を高めることを目指すべきである．その意味から，支援者にとってむしろ重要なのは，全体の動きを見渡し，活動にかかわる多様な人材の能力を紡ぎ出せる体制やプロセスをデザインできる能力といえる．

①コーディネーター的役回り：　まちづくり支援においては，個々さまざまな意向に受動的に応えるだけではなく，地域の将来像，活動のあり方に対するビジョンをもった上でコーディネーターとして動くことが大切である．その場合の支援者の役割は，戦略家，調整者，意味づけ者となる．

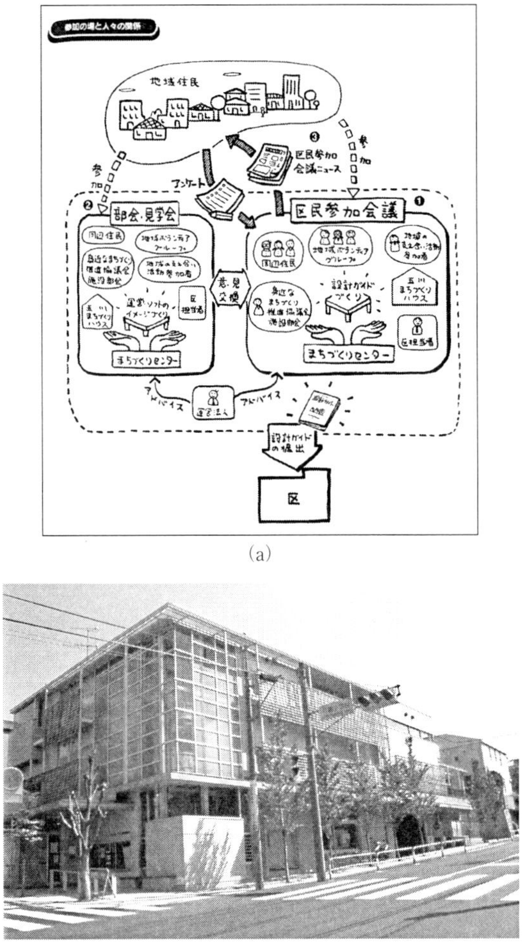

(a)

(b)

図 2.10　人々の想いをかたちにする（デイホーム玉川田園調布）
(a) 話し合いの成果を「設計ガイド」に編集（1996 年，まちづくりセンター資料より），(b) 地域の想いが詰まったデイホームが完成（2000 年，まちづくりセンター撮影）．

・戦略家　　→状況分析による切り口の設定と進め方
・調整者　　→さまざまな立場や行動原理の理解，調整
・意味づけ者→社会的意義づけのスポークスマン

②プランナー的役回り：　まちづくり支援には，支援する相手の主体性を尊重すると同時に，問題を明確化して整理するとともに，専門家の視点から新しいアイディアを提供するなど，提案や創造のための働き掛けをする役割も必要である．

・問題提起者→考えるべき課題やテーマの提示
・質問者　　→検討課題や話し合う視点の提起
・翻訳者　　→専門用語と住民用語の相互通訳
・整理者　　→問題構造や全体像の把握
・提案者　　→考える糸口やアイディアの投げ掛け

③ファシリテーター的役回り：　まちづくりには，人々のモチベーションを高めるとともに，関係者の人間関係を円滑にして集団創造力を高めるための組織マネージメントの支援や，活動の進め方を見出すための支援やガイドが求められる．その場合の支援者の役割は，鼓舞者，秘書，引率者となる．

・鼓舞者→やる気，達成感，協働意識の醸成
・秘書　→判断や意思決定に必要な情報やタイミングの整理
・引率者→目標に向けたプロセス設計と道案内

◉ 2.2.3　まちづくりファンドとまちづくりセンター

ここからは，世田谷区のまちづくり支援の仕組みと現場について，具体的に紹介する．

公益信託「まちづくりファンド」と，区の第三セクターとしての「まちづくりセンター」とが，車の両輪のように連携して住民まちづくりを支援する世田谷区独自の仕組みは，1992 年につくられた．

a.　行政主導のまちづくりを超えるために

世田谷区が，基礎自治体としての体裁を整え始めたのは，1975 年の自治法改正以降の区長公選制による．区の基本構想，基本計画の策定を経て，1980 年ごろよりまちづくりの具体的取り組みが始まった．その推進の柱となった部署は，都市デザイン室（当時）と街づくり推進課（当時）の 2 つである．

都市デザイン室は，企画部内に設けられ，公共空間デザインにおいて横断的に部署間のコーディネートを行うとともに，区民参加による都市美啓発事業を進めた．区民公募により選定された「世

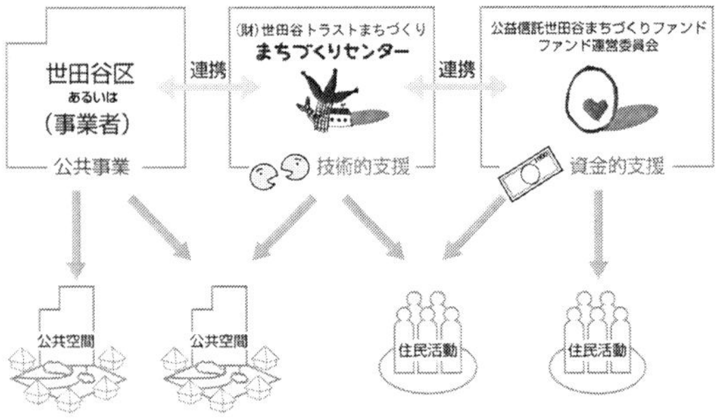

図 2.11　まちづくりセンターとまちづくりファンドによるまちづくり支援の仕組み（まちづくりセンター資料より）

田谷百景」，区民アイディアコンペによるバス停や公共トイレの整備・改修，砧（きぬた）清掃工場の煙突の色彩コンペ，用賀（ようが）プロムナード，梅丘（うめがおか）中学校前のふれあいの道づくり，界隈塾などが代表的事例である．

街づくり推進課は，都市整備部内に設けられ，1982 年に制定された街づくり条例に基づき，専門家派遣などによって地区協議会方式のまちづくりを支援してきた．木造住宅密集地区における防災まちづくりを進めるため，太子堂 2・3 丁目や北沢のまちづくりなどに取り組み，地区計画策定による修復型まちづくりを進めてきた．

これらの部署による取り組みは，1980 年代の世田谷区のまちづくりを全国的に有名にしたものである．しかしながら，住民のまちづくり意識が高まるとともに，行政主導で進める住民参加型まちづくりの限界がみえてきた．それは，タテワリ行政による住民対応の難しさや，住民対行政の構図を乗り越える協働型まちづくり推進の必要性であった．

より柔軟に住民の主体的なまちづくり活動を支援し，住民，行政，企業のパートナーシップ型まちづくりを牽引する中間組織づくりに向けた調査が，1987 年から始められた．5 年間の区民参加による調査期間を経て構想されたのが，まちづくりファンドとまちづくりセンターの仕組みである．

b.　まちづくりファンドとまちづくりセンターの仕組み

「まちづくりファンド」と「まちづくりセンター」による支援の仕組みとは，資金と技術の両面の組み合わせである．ファンドは市民活動へ助成を行う基金であり，資金面の支援を行うとともに，活動に一定の社会的信用力を与える仕組みである．センターは，地域と行政の間に立ち，個別具体なまちづくりや市民活動への支援を現場に即して行う．それぞれの立場と役割を活かしつつ，参加・協働型まちづくりを連携して牽引している．

このような 2 つの仕組みの併置は，まちづくりへの間口を広げるとともに，官民双方の情報を補完し合い，ネットワーク拡充に役立っている．たとえば，まちづくりファンドの助成事業に参考となる地域情報や行政情報は，まちづくりセンターの情報収集力を活かしてファンド運営委員会に提供される．また，まちづくりセンターが実施する参加・協働事業には，まちづくりファンドによって蓄積された 180 近い活動グループとのネットワークが活かされている（図 2.11）．

c.　まちづくりファンドによる支援

まちづくりファンドの助成の仕組み　　区民主体のまちづくりを，資金面と社会的認知の両面から支援しているのが，まちづくりファンドである．

まちづくりファンドは，公益信託制度を活用した助成基金で，（財）世田谷区都市整備公社（現（財）世田谷トラストまちづくり）が委託者となり，中央三井信託銀行が受託者となって，1992 年に設定された．まちづくりファンドの趣旨には，「住民主体のまちづくりの推進を図るため，住民，行政又は企業のいずれにも属さない中立的立場から住民主体のまちづくり活動を支援する」とあり，住民活動を行う者や，それを援助する者に助成を行う．

公益信託制度が採用された第 1 の理由は，助成決定の行政からの独立性を確保することであった．

公益信託法では，助成決定など，運営の重要事項において助言・勧告を与える役割として，運営委員会を設けることが義務づけられている．まちづくりファンドでは，この運営委員会の委員数を7人以上10人以内と定め，構成メンバーを学識経験者，専門家，地域活動実践者など民間人を中心とすることによって，助成事業運営の独立性を担保している．

また同時に基金についても，「みんなで育てるファンド」として，住民，企業，行政から寄付を集めて大きくする構想がもたれた．現在の基金総額は，約1億8000万円であり，このうち個人や法人からの寄付額が約8000万円となっている（後述の，（財）民間都市開発推進機構からの寄付金5000万円を含む）．

設立以来，まちづくりファンドは，毎年500万円の総額で助成を行ってきた．助成部門の構成は，「まちづくりはじめの一歩部門」（5万円一律助成），「まちづくり活動助成部門」（上限50万円），「まちづくりハウス設置・運営部門」（上限100万円）の3部門と，「特別テーマ部門」（上限100万円）となっている．

毎年，4月に応募要綱が配布され，助成申請期間が5月まで，助成審査が6月に行われる．10～11月に活動の中間発表会，翌年4月に最終活動発表会が開かれる．助成申請グループ数は，毎年30～40で，20～30のグループが助成を受けてきた．同一活動への継続助成は，3年までとされている．

また，2006年度からは，（財）民間都市開発推進機構による「住民参加型まちづくりファンド支援事業」によって5000万円の寄付を受けることが決まり，それを原資にしたハード整備部門「まちを元気にする拠点づくり部門」も新たに設置した．この部門は，2段階の選考プロセスを経て，1件につき500万円までの助成が行われる（図2.12）．

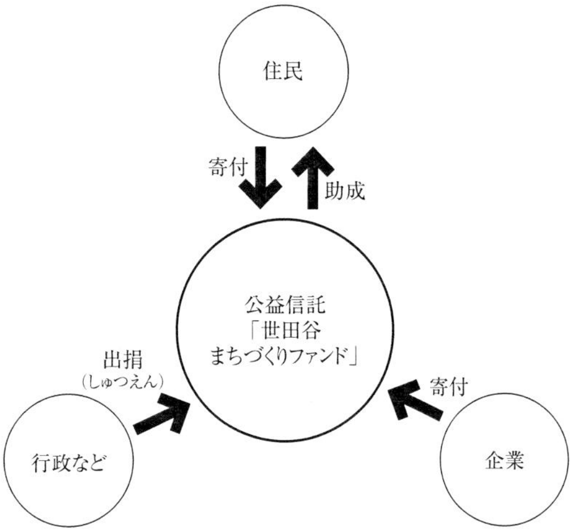

図2.12　まちづくりファンドの仕組み（まちづくりセンター資料より）

まちづくりファンドの運営の特徴　まちづくりファンドは，市民まちづくり活動を柔軟に支援する地域の新しい仕組みとして，設立当初から注目を集めた．また，公開審査会，活動報告会，住民サポーターによる運営協力など，事業運営面の特徴が，他自治体の同様の基金のモデルとなってきた．

①ガラス張りの助成決定：　まちづくりファンドは，助成の中立性について信用を得るために，運営をできる限りガラス張りで行っている．

まず，毎年の助成グループは，選考プロセスの透明性を確保するため，公開審査会によって決められる．公開審査は，助成申請者のプレゼンテーションをもとに，誰にも開かれた会場で運営委員が助成グループを選定する方法である（図2.13）．

また，ファンド運営の硬直化を避けるため，運営委員の任期は最長6年までという約束を設けているが，運営委員の改選に当たっても，ファンド寄付者や，助成グループから候補推薦を受けるシステムを導入し，その推薦名簿をもとに運営委員会が次期委員を選定している．

②学校のような運営：　まちづくりファンドは，単なる助成事業だけにとどまらず，助成グルー

図 2.13　ガラス張りのファンド公開審査会（2004 年，まちづくりセンター撮影）

図 2.14　ファンドグループの活動例：瀬田文教サミット（2005 年，まちづくりセンター撮影）
安全な道づくりとコミュニティづくりを目指し，地域住民と近隣の小中学校・美術大学が協力して地域に設置している手づくり道標．

プ相互が学び合って育つよう，あたかも学校のような運営方式が取り入れられた．

毎年 2 回開催される活動発表会は，ファンド助成グループはもとより，ファンド運営委員やまちづくりセンター，一般区民が会する公開の場である．そこでは，助成グループ相互の情報交換，まちづくり課題へのアドバイス，活動への連携呼び掛け，そして活動 PR などの機会が設けられている（図 2.14）．

③区民サポーターによる運営協力：　まちづくりファンドは，その運営の一翼を住民サポーターが担うことが，設立当初から考えられた．

図 2.15　ファンド支援コンサート「音楽とまちづくりの夕べ」（1997 年，まちづくりセンター撮影）

現在は，「まちづくり広場」が活動発表会などのプログラムの企画・運営にかかわり，また運営委員改選に当たっての選定基準の提言も運営委員会に行っている．過去には，住民サポーター主催による，基金拡大のためのファンド支援コンサートなども開催されている（図 2.15）．

これまでのまちづくりファンドの成果

①人材や活動の広範な発掘：　ファンド成果の第 1 にあげられるのは，区内の多様な人材を掘り起こし，各地域の多様なまちづくり活動を活性化させたことである．これまでの助成団体数は実に 180 あまりに上り，区民まちづくりの土壌を広範に耕してきた（図 2.16）．

助成グループの活動テーマは，緑の保全・創出，住まいづくり，景観や町並み，公共施設，交通問題，高齢者や障害者，子育て，ネットワーク形成など多岐にわたり，くらしとみちゾーン事業の導入，建築協定の締結，環境共生型コーポラティブハウスの実現，団地建て替え計画の実現，プレイパークや学校ビオトープの設置などの成果に結びついている（図 2.17）．

②区民が発想するまちづくり概念の発信：　第 2 の成果は，住民が発想する「まちづくり」のとらえ方を柔軟に受け止め，その概念を世に発信してきたことにある．

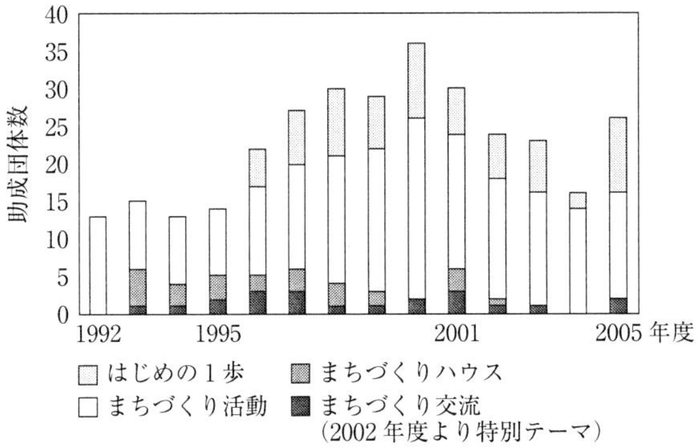

図 2.16　1992 ～ 2005 年度の部門別助成グループ数の推移（まちづくりセンター資料より）

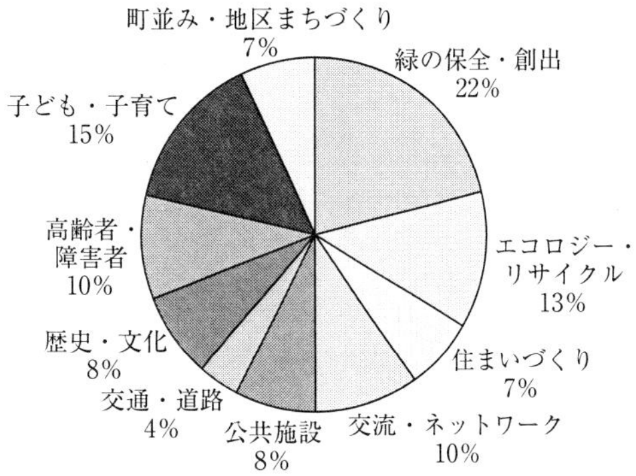

図 2.17　助成グループの活動テーマ（まちづくりセンター資料より）

その発想とは，行政のタテワリや事業の枠組みに縛られない，暮らしの質を高める分野横断的なまちづくり活動として特徴づけられる．まちづくりファンドは，そのような行政にとってお金を出しにくい多種多彩なまちづくり活動を認知し，応援してきた．助成グループの活動には，まちづくり啓発，コミュニティ形成，地域資源の発掘と活用，環境の保全・整備など，ソフトからハードまでさまざまな活動領域を包括した特徴がみられる．

③活動への信用力と推進力の付与：　第３の成果は，助成グループに，資金的支援に加え，信用力と活動推進力を付与してきたことにある．

ファンド助成グループとなることは，地域コミュニティや行政などに，自分たちの活動を認知してもらう上で大きな後ろ盾となっている．さらに，助成申請の企画書を作成し，審査や発表会を受けることで，自分たちの自信と励みになり，計画性をもった活動の推進力となっている．さらに，他のまちづくりグループとの出会いの場があることで，各グループのまちづくり視野の拡大や，相互支援の関係づくりに結びついている．

④透明な意思決定システムの提示：　ファンド活動は，以上のように世田谷区の区民主体のまちづくりを広げる牽引役として　大きな存在意義を果たしてきた．そして，より大きな社会的意味合いとしては，「住まい手の視点による公益性の判断をより透明なプロセスの下でおこなう」市民ファンドのあり方を示す先駆的実験場であったといえ，それが今もって全国的に注目されている理由である．

d.　まちづくりセンターによる支援

まちづくりセンターは，「区民主体のまちづくりを支援し，パートナーシップ型まちづくりを推進する」ことを設立主旨として，（財）世田谷区都市整備公社内（現（財）世田谷トラストまちづくり）につくられた．公的機関でありつつ，高い専門性と地域性とを兼ね備えていることが，その強みである．

1992 年の設立当時には，このような中間支援組織モデルとなる事例は日本にはなく，アメリカのコミュニティデザインセンター（CDC）などの活動を参考にしつつ，今日の活動スタイルを築いてきた．その活動には，以下の組織的特色が活かされている．

まちづくりセンターの特徴

①専門技術力：　まちづくりセンターの職員は，民間コンサルタントや大学研究職の経験ある人材の登用により，専門性が高い集団となっている．また，行政職員のように定期的な異動がなく継続的に仕事にかかわることで，情報，技術，人的ネットワークの蓄積と継承が可能となっている．

特に，ワークショップや住民参加のノウハウに

図 2.18　親子のまち発見ワークショップの記録「まちへとびだせ！」

図 2.19　まちづくりセンターによるワークショップ技術講習会のテキスト『参加のデザイン道具箱』

ついては，他市町村から研修依頼が来るほどの経験と技術力を有しており，まちづくりの専門機関としての実績が，行政や区民によって高く評価されている．

②情報収集力：　まちづくりセンターは，区の財団として行政組織や施策に習熟するとともに，区職員と顔のみえる関係を築いている．また一方で，まちづくりファンド助成事業などを通じて，区内の幅広い住民グループや地域人材とのネットワークを蓄積している．そのことで官民双方のまちづくり情報の結節点となり，区行政と住民活動の橋渡しやコーディネート機能を果たしながら，参加・協働事業や住民活動支援を行うことが可能となっている．

③社会的信用力：　まちづくりセンターは，区民誰にも開かれた身近な公的機関であり，公平性や中立性，プライバシー保護などにおいて，区民全般への一定の社会的信用力がある．

このような立場的特長は，参加を区民に広く募る場合や，地域の意見がさまざまに分かれている中で合意形成が求められる場合，さらに，調査協力などを個々の家庭に依頼する場合などに，呼び掛け者としての役割を果たす上で有効となっている．

まちづくりセンターの機能　現在のまちづくりセンターは，まちづくりの相談・情報窓口であり，まちづくりの普及・啓発の発信拠点であり，区民活動への支援組織であり，参加や協働の現場のファシリテーターであり実行部隊である．以下に，事業概要を紹介する．

①まちづくりの普及・啓発（インキュベート機能）：　子どもから高齢者まで幅広い層に向け，まちへの関心を高めることを目的に，まち発見や学習プログラム，シンポジウム，そしてまちづくり技術の講習会などを開催している．

・まちづくりコンクール：　まちの絵地図づくり，親子のまち発見ワークショップ（図 2.18），中高生によるまちの本づくりなど，多様な切り口から幅広い世代へまち発見のきっかけづくりを進めている．

・まちづくり学校・住まいづくり学校・シンポジウム：　都市計画やまちづくり制度の動き，コミュニティ形成型住まいづくりの紹介，住民まちづくりの活動や参加の現場からの課題提起など，時宜に即したテーマの講座やシンポジウムを開催

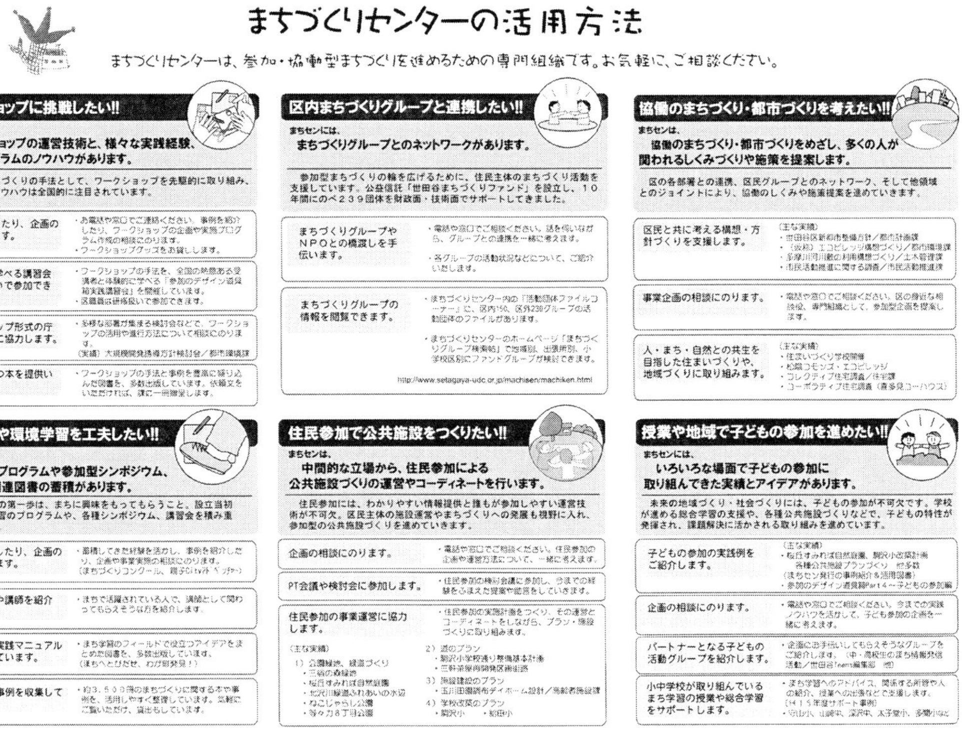

図 2.20　まちづくりセンター活用ガイド

している．

・「参加のデザイン道具箱」実践講習会：　まちづくりセンターが発行した『参加のデザイン道具箱』(図 2.19) をテキストとするワークショップの技術講習会である．基礎技術編と企画応用編があり，受講者は住民，NPO，行政マン，コンサルタントなど，全国から参加している．まちづくりセンターにとっては，各地のまちづくり動向を知り，情報収集する機会にもなっている．

②市民まちづくり活動の支援（支援機能）：

区民が主体的に進めるまちづくり活動を，ファンド運営支援や，センターに蓄積された情報および人材ネットワークを活かして支援している（図 2.20）．

・まちづくりファンド助成事業運営支援：　まちづくりファンド助成事業を，広報面・運営面・資金面から，具体的には，助成事業の区内 PR，申請受付，ファンド基金の拡充などを支援している．

・専門家や地域人材の紹介：　専門家の知恵や技術サポート，また，地域活動の経験的アドバイスなどへの要望について，区内外の人材ネットワークを活かして応えている．

・活動相談やアドバイス：　ワークショップの進め方，地域情報の収集など，現場支援について相談に乗っている．

・広報支援：　まちづくりセンターのホームページや毎月発行のメールマガジンにより，活動グループの広報支援を行っている．

・資器材や場所の貸し出し：　まちづくりファンドグループなどに，印刷機，紙折り機，打ち合わせスペース，ワークショップ機材などを貸し出している．

③民間コモンズの創出（プロデュース機能）：

区内の土地・建物所有者に働き掛け，民間領域の地域資源を活かしたまちづくり拠点や空間を創出していく取り組みである．

・地域共生のいえづくり：　2004 年度から始まった，まちづくりの活動拠点やネットワーク形成の

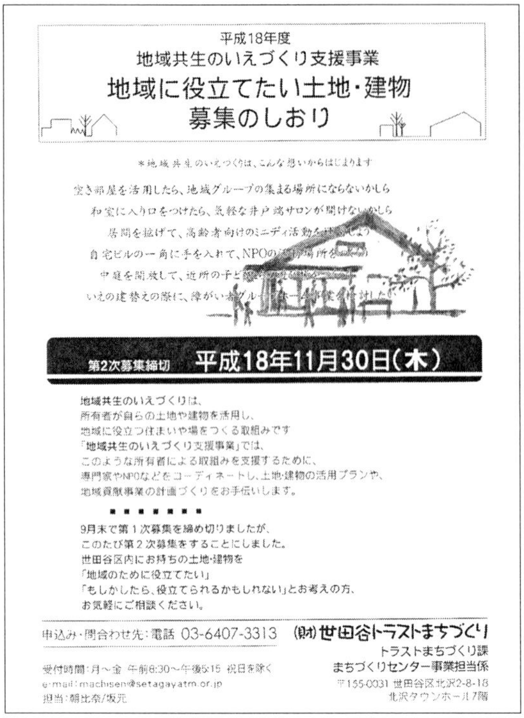

図 2.21　「地域共生のいえ」募集のパンフレット

図 2.22　企業との連携の実例「世田谷線の車窓から」

場を，土地・建物所有者とNPOなどをつないで創出する事業である．空き家や空き室などの地域活動への提供，シェアードハウスやグループホームづくり，緑の保全などについて，地主の地域貢献への想いを聞き取りながら，その実現に向けた具体的構想や計画づくりを手伝っている．毎年10件以上の問い合わせがあり，NPOの活動拠点や高齢者のサロン活動の場など，すでに2件の地域に開かれた場が生まれている（2.2.4項も参照：図2.21）．

・縁側プロジェクト：　緩やかで気軽な雰囲気の中で，多様なまちの人々や活動団体の交流を図り，まちの情報交換や，分野を超えた縦横のネットワークを築く，開かれた語り合いの場づくりである．具体的には，月例の「スナックまちセン」の試みがある．

④参加の現場コーディネート（ファシリテーター機能）：　行政や企業の進める事業や計画を住民に開かれたものとし，地域の視点を反映するために，参加や協働の企画・運営を支援している．

・行政の参加・協働事業運営：　参加・協働は，あらゆる分野の重要課題となってきており，まちづくりセンターの運営協力が求められる場面も，都市整備領域を超えて，地域振興，産業振興，福祉，学校などに広がりをみせている．今までの実績としては，北沢川緑道改修，すみれば自然庭園，三宿緑地，デイホーム玉川田園調布，駒沢小・給田小改築子どもワークショップなどの施設計画から，都市整備方針策定，多摩川河川整備計画，国分寺崖線魅力アッププロジェクト，土地利用現況調査などの，マスタープラン策定や調査がある（2.2.4項も参照）．

・企業との連携：　企業や大学にとって，地域連携のあり方が模索されるに従い，まちづくりセンターの地域情報やノウハウを活かして連携する協働プロジェクトも生まれてきている．商店街のシンボルモニュメントづくりや，東急世田谷線の沿線の車窓の風景づくり（図2.22）などの取り組みがある．

⑤まちづくり情報の収集・発信（情報センター機能）：　世田谷区内のさまざまなまちづくり情報を，ニュースレターやメールマガジン，図書の

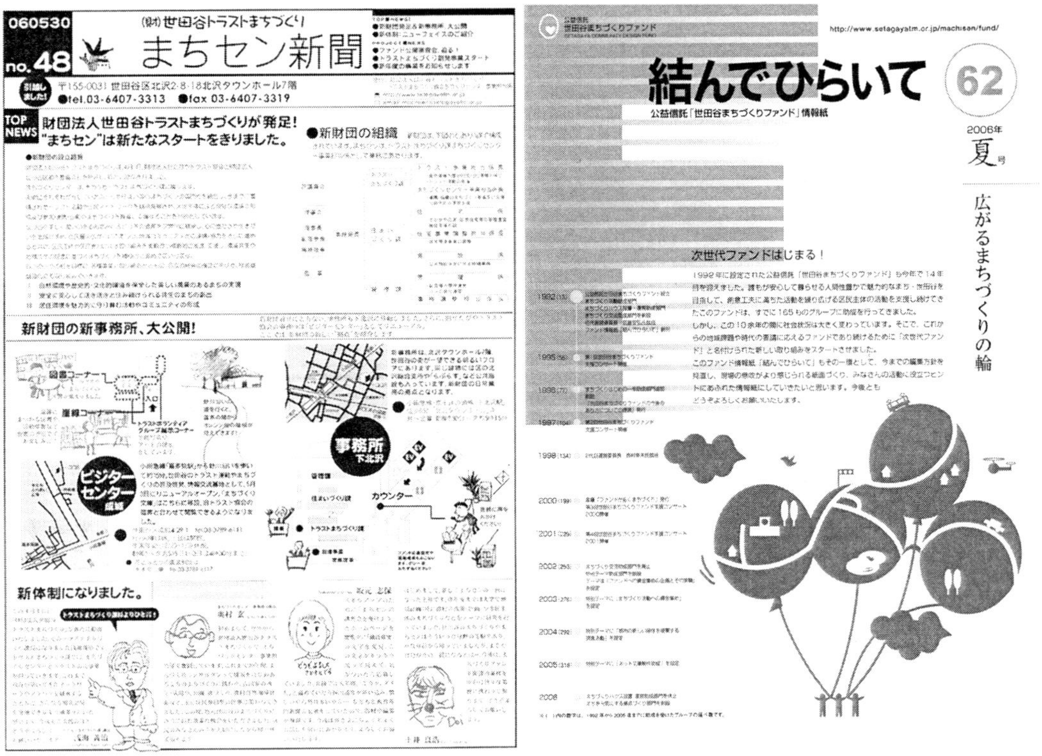

図 2.23　まちづくりセンター発行のニュースレター「まちセン新聞」(左) と「結んでひらいて」(右)

編集発行やホームページ，また書籍や資料などを収集した閲覧コーナーを設けて，発信している．

・ニュースレターの発行：　まちづくりセンター事業を紹介する「まちセン新聞」(年 4 回)，まちづくりファンド助成グループの活動紹介をする「結んでひらいて」(年 4 回) の 2 種類のニュースレターを編集発行している (図 2.23)．

・メールマガジン：　毎月発行するメールマガジンで，まちづくりセンターや区内の催し物案内，ファンドグループのイベント情報，助成金などの情報を，タイムリーに発信している．

・ホームページ：　まちづくりセンターやファンドの概要，過去や進行中の事業内容，ファンド助成グループの一覧表，まちづくりセンター発行図書などを紹介している．

・ダイレクトメール：　まちづくりに関心をもつ区内外の希望者に対し，定期的にニュースレターやイベントの案内チラシを送付している．まちづくりに関心をもつ区民のデータベースとして，区事業の広報手段として，協力を求められることも多い．

・図書の編集発行：　現場での実践経験をもとに，まちづくり図書の編集発行を行っている．今までの発行図書は，全部で約 70 冊に上る．まちづくりワークショップの普及に資した『参加のデザイン道具箱』(図 2.19 参照) も，この中に含まれる．

・住民活動情報ファイル：　ファンドグループをはじめとする区内の約 220 の活動グループや，区外の約 500 のまちづくり活動グループ発行のニュースレターや資料などをファイルに整理し，誰でも閲覧できるコーナーを設けている．

・まちづくり文庫：　まちづくり，環境，都市計画，市民自治，区政などについて，約 4000 冊の書籍を収集し，閲覧と貸し出しを行っている．学生や専門家の利用も多い．

これまでのまちづくりセンターの成果

①多様な現場の創出とネットワークの形成：　まちづくりセンターは，まちづくりの入り口となる啓発事業，公共施設づくりなどの参加の話し合いの場の運営，各地の住民活動の支援など，多様なメニューによって数多くの現場を支援し，また見守ってきた．このことにより，幅広い住民との信頼感を築き，連携や協働を進めるに当たって必要な，顔のみえるネットワークを区全域につくってきた．

②区の参加や協働事業の取り組みの拡大：　区の担当部署からの参加・協働の進め方について相談に乗り，また実際にその企画・運営に多様に関与してきた．そして実践事例を示すことで，公共施設のデザインから都市マスタープランまで，また都市整備領域を超えた分野も含めて，参加・協働の取り組みの拡大に寄与してきた．取り組みの結果は，公園緑地や地域への愛着をもつ区民の層を広げ，つくられた施設などの管理運営への継続的参画に結びついている．このような成功体験は，住民だけでなく行政職員にとっても，参加や協働の意義を実感できる契機となってきた．

③ワークショップなどの手法の開拓：　参加・協働の現場の運営手法の開発に先駆的に取り組み，その経験をまとめて広く発信してきた．そして，合意形成や集団創造を導く会議運営やワークショップの方法，意思決定をガラス張りにするための通信メディアの作成，成果を反映するためのプロセスデザインやコーディネートのあり方など，ファシリテーターの職能の社会的認知を広げる役割を果たしてきた．特にワークショップに関しては，図書発行や講習会によって全国にその手法を普及する中核となってきた．

④支援センターモデルの提示：　相談やアドバイス，啓発や環境学習プログラムの提供，情報収集と発信，活動場所や機材の提供，参加・協働の運営など，現場のニーズに応えるまちづくり支援メニューを幅広く形づくってきた．その存在と事業体系は，まちづくり支援センターの一つの具体モデル像を示し，他市町村での同様の組織づくりの参考とされている．

◉ 2.2.4　2つの仕組みが生み出すシナジー効果

まちづくりファンドとまちづくりセンターは，この14年間の活動により，多様なまちづくり活動を発掘し，世田谷スタイルともいえるまちづくり風土とコミュニティの形成に大きく寄与してきた．そして近年，それぞれのネットワークの蓄積が交わることによって，単体の仕組みだけでは達成できないシナジー効果が発揮され，まちづくりのバリエーションと可能性が広がりつつある．以下に，その例を紹介する．

①松蔭コモンズ　(世田谷区世田谷)：　まちづくりセンターの相談機能と，ファンドグループの提案力とが結びついて，民間コモンズの創出に結びついた事例である．

地主のSさんが，多額の相続税問題を抱えて，土地活用の相談のため，まちづくりセンターに訪ねてきた．そもそも，Sさんにまちづくりセンターへの相談を奨めたのは，ファンドグループのメンバーであり，この最初の段階で，ファンドグループとまちづくりセンターの顔のみえる信頼関係が役立っている．

まちづくりセンターはSさんの想いを聞き取り，区制度や施策の活用可能性を調べるとともに，土地活用のアイディア創出を「エコロジー住宅市民学校」や「世田谷にコレクティブハウスを実現する会」などのファンドグループに呼び掛け，Sさんとファンドグループとの橋渡しを行った．ファンドグループは，NPOや専門家など，独自ネットワークを活かした企画案をSさんに提示して受け入れられ，民間コモンズの創出を含む土地活用に結びついた．

売却せざるをえなかった土地では，既存樹木を保全した14戸の環境共生コーポラティブハウスが建ち，また，Sさんが育った築150年の母屋は，

図 2.24　松蔭コモンズでのまちづくり講座（2005 年，まちづくりセンター撮影）

図 2.25　すみれば自然庭園での月例イベント風景（2005 年，まちづくりセンター撮影）

NPO 法人コレクティブハウジング社との借家契約によって壊されずに改修の手を入れられ，シェアードハウスとして活き続けることになった．そして「お座敷カフェ」など，母屋の座敷や中庭を活用した，地域活動が芽生えている（図 2.24）．

②すみれば自然庭園（世田谷区 桜丘）：　まちづくりセンターが担った住民参加プロジェクトがきっかけに，ファンドグループと地域住民の新たな出会いが生まれ，活動の輪が広がっている事例である．

区の緑地計画に当たり，まちづくりセンターは，敷地の自然生態調査と整備プラン策定ワークショップを住民参加で進めることになった．その運営においては，地域の緑に親しむ活動を行っていたポスト母親世代のファンドグループ「グループ街」に，協力を求めた．

この住民参加の場に参加していた 40〜50 歳代の父親世代である O さんたちは，ここで「グループ街」の地域活動を知ることになり，互いに刺激を与え合う関係となった．そして，緑地が「すみれば自然庭園」として開園するに当たり，「すみればネット」という緑地運営組織を一緒になって立ち上げた．

「すみればネット」は，「すみれば自然庭園」の管理運営業務を受託し，世田谷区で初となるインタープリター（自然生態ガイド）が常駐する緑地を実現させている．「グループ街」の母親たちのネットワークと，O さんたちの広報デザインや組織運営の専門性がドッキングし，月例の自然講座の開催，運営拠点であるネイチャーセンターの展示計画，パンフレットの編集発行が進められている（図 2.25）．

③こちらセタガヤ暮らし研究所（世田谷区全域）：　まちづくりセンター主催の啓発事業をきっかけに，まちづくり活動の仲間が形成され，その後のファンドグループとの出会いを通して，世代を超えた新たな展開につながっている事例である．

「こちらセタガヤ暮らし研究所」は，まちづくりセンターが 20〜30 歳代前半の若者をターゲットに行ったまちづくり啓発事業である．その企画・運営においても，ファンドやまちづくりセンターのネットワークを活かし，同世代の若者たちに講座の講師役を担ってもらった．今までまちづくりに縁がなかった多くの参加者にとっては，同世代の講師は興味をもちやすく，また話しやすい相談役となった．

この講座は，参加した若者たちに地域にかかわる意味を見つける機会となり，「同世代の夢の実現サポート集団」としての活動を進める仲間形成の場となった．そして，「こちセタカフェ」というコミュニティカフェの活動や，まち歩きが行われるようになった（図 2.26）．最近は，高齢者中

図 2.26 こちらセタガヤ暮らし研究所の活動の様子（2004 年，まちづくりセンター撮影）

心のファンドグループである「駒沢給水等保存再生の会」との出会いがきっかけになり，若者のデザインや感性を活かした小冊子「こま Q」の編集発行などの世代を超えたコラボレーションにつながっている．

④地域共生のいえづくり支援事業（世田谷区全域）： まちづくりセンターとファンドグループの協働の取り組みが，区の新しい施策に結びついた事例である．

まちづくりセンターでは，土地・建物所有者に呼び掛け，高齢者らの住まいづくりや地域活動拠点づくりなどを推進する「地域共生のいえづくり支援事業」の自主研究と実験活動を，ファンドグループの NPO 法人せたがやオルタナティブハウジングサポート（SAHS）とともに進めていた．それは，所有者の地域貢献への想いを，まちづくりセンターが窓口となって募り，その実現に向けた事業プラン策定や運営シミュレーションを，NPO や専門家などとの連携・協力によって行う事業である．

これまでの 3 年間の取り組みでは，毎年 10 件以上の土地や建物所有者から問い合わせが寄せられている．蔵書を活かした地域のミニライブラリー創出，高齢者サロン活動を広げるための自宅の改修，一軒家まるごとの活用相談，自宅建て替えに当たっての NPO 拠点づくり，障害者のための生活の場づくりなどがその内容となっており，実現した事例も徐々に生まれてきている（図 2.27）．

図 2.27 地域共生のいえづくり支援事業の例：COS ちとふな（2005 年，まちづくりセンター撮影）

この取り組みに当たっては，区の住宅や福祉部門などの関連部署などとの勉強会の場を設け，情報交換と連携を深めていたが，その成果に期待を集めるようになった．そして，2006 年度には，世田谷区の住宅整備方針における一つの重点事業として位置づけられ，福祉領域とも連携した取り組みが拡大しつつある．

◉ 2.2.5 次なるステージに向けて

今後は，今までの活動で肥沃になったまちづくりの土壌を活かして，地域課題の解決や，まちに暮らす豊かさの創出など，幅広い区民がその成果を実感できるシステムへと高めていくことが求められる．

そのためには，2.2.4 項に述べた事例にみられるような，まちづくりファンドやまちづくりセンターに蓄積された，情報・人材・ノウハウなどの資源をつないで活かす発想をさらに発展させることが重要である．分野横断的に住民活動を結んでシナジー効果を生み出すためのネットワーク機能の拡充，まちの埋もれた資源を発掘して活動につなげるプロデュース機能の強化，そしてまちの現場と行政との連携を図る施策提言機能の強化が，これからの重要なキーワードと考える．

以上のような認識のもと，2006年度から，自己改革と次なる展開を図る新しいチャレンジが始まった．

a. 「次世代ファンド」プロジェクトの始動

ファンドのこれまでを振り返るとともに，取り巻く社会情勢の変化も踏まえて，次なる時代を展望したファンドが果たすべき役割と戦略を描き直すプロジェクトが立ち上がった．

ファンド運営委員会における検討では，以下の4つが重要課題にあげられている．

①助成テーマの設定や寄付金集めについて：

基金の運用面では，低金利の影響と寄付金の減少により十分な果実を生み出せず，区やまちづくりセンターの財政的支援が必要な状況にある．また一方で，まちづくりファンドの成果が一般の区民にはみえにくく，存在そのものも知らないという人も少なくないという現状もある．この2つの課題は相互に関連していて，もっと区民にとって切実なまちづくりの課題を助成テーマに掲げ，解決の力を広く公募する仕組みを築くと同時に，「こんな課題に取り組んでくれる活動なら寄付したい」という想いを受け止めるための寄付の新たなシステムが模索されている．

②専門的技術支援のあり方について：　まちづくりセンターには多くの相談が持ち込まれ，一定の対応がなされているが，まちづくりの多様な課題に応えるには，さらに専門的支援体制を充実させることが求められている．ファンド運営委員は，まちづくりの専門家や弁護士，ファンドの卒業生など，豊かな経験をもっている．たとえばこのような人材を，助成グループからの相談に充てられないかとの意見もある．そこで，助成グループが資金面以外でファンドに期待しているニーズの把握を進めて，その支援策を検討している．

③区民参画によるファンド運営について：　これまで，ファンドの運営と助成先の決定は，運営委員が中心となって行ってきたため，団体や個人は助成されるという受身の立場になりがちな面が生じてきた．そして住民サポーターも少数固定化傾向にある．区民の運営へのかかわり方を見直すことはできないかという意識に立って，運営委員の選考方法，助成決定過程での区民参加，発表会や報告会の企画運営方法などを見直しながら，区民の参加意識を促すような仕組みの検討が進められている．

④区民と行政とのパートナーシップ形成について：　ファンドは当初，区民の先駆的なまちづくり活動を参考事例とし，区民と行政が連携して可能となるまちづくりプロジェクトを見つけ，育んでいく期待がもたれていた．しかし現状では，区民活動に助成金を分配することだけがファンドの主な役割になっている．どうすれば施策形成への区民参画の回路をもつファンドとしていけるのかについて，検討が行われている．

以上の課題意識をもとに，2006年度より始動したのが，「次世代ファンド」プロジェクト第1弾の，「まちを元気にする拠点づくり部門」である．この部門は，（財）民間都市開発推進機構による「住民参加型まちづくりファンド」への資金拠出制度に着目し，そこから得た5000万円を活用して取り組むもので，ファンド成果のみえやすさやネットワーク形成の向上をねらいにしている．

「拠点」イメージは，環境共生や地域共生のまちづくりを推進し，コミュニティの課題解決力を高める開かれた場で，1件あたり500万円までの助成を行う．住宅や空き店舗，庭や屋敷林，企業地などの柔軟な運営によって，民間領域におけるパブリックな空間のあり方の幅を広げる創造的な取り組み，公有地を活用したケースでは，行政の制度や事業化が未だ確立されていない分野や，公

図 2.28 第 14 回「まちを元気にする拠点づくり」予選選考通過グループ

園緑地・学校校庭などの公共空間の新たな活用形態について，将来の行政計画の参考モデルとなるような先駆的取り組みを期待している（図 2.28）．

また，上記の新部門設置に続くプロジェクトとして，目的指定寄付など，寄付者の想いを助成部門構成に結びつける「新たな基金運用方式の受け皿」を検討中であり，さらに，新旧のグループや分野を超えた団体相互の交流とネットワーク形成を図る，「縁側プロジェクト」なども実施予定となっている．

b. 財団法人 世田谷トラストまちづくりの発足

まちづくりセンターは，2006 年度より，（財）世田谷トラストまちづくりへと移行し，新たなスタートを切った．この新財団は，まちづくりセンターがあった旧（財）世田谷区都市整備公社（以下，都市整備公社）と，旧（財）せたがやトラスト協会（以下，トラスト協会）が統合して発足したものである．

新財団設立の背景には，今日の都市問題の多様化に対応するため，分野や立場を超えた連携や協力が必要となっていること，そのために区民主体や区民参加による取り組みを柔軟に推進し支援するとともに，区民活動と区の施策や事業とを橋渡しする機能が重要性を増していることがあげられている．そして，新財団の設立目的として，まちづくりセンターやトラスト協会が蓄積してきた住民ネットワークを継承発展させ，区民主体による良好な環境の形成と，参加・連携・協働のまちづくりを支援することがうたわれている．まちづくりセンターには，その中核的機能が期待されている．

図 2.29 世田谷トラストまちづくり大学の開講告知

今後のまちづくりの取り組みを発展させるに当たって特に大きなことは，緑保全や歴史環境などの専門性が広がったこと，管理運営を担う公園緑地や歴史的建造物などをまちの中に複数保有することになったことがあげられる．これら両財団が培ってきた専門性と，まちの中の資源を最大限活用することで，今まで以上にまちづくりの地域展開力を広げることができる．

以上の方向性に基づいて，財団内のトラスト部門や住まいづくり部門と連携した「創発事業」と銘打った取り組みに着手している.

①トラストまちづくり大学：　トラストまちづくり大学は,環境共生と地域共生をテーマにした,地域コーディネーターを養成するための講座である.まちづくりセンターやトラストの現場経験と,人材育成プログラムを組み合わせたカリキュラムは,入門クラスと専門クラスによって構成される.専門クラスには,「自然と歴史のマネージャーコース」,「地域共生のいえコーディネーターコース」,「参加・協働のファシリテーターコース」があり,修了生との連携により,財団資産の運営ソフト面での充実を図る予定である（図2.29).

②トラスト・まちづくりセンター協力プロジェクト：　トラスト部門のもつ生き物や自然生態についての専門性と,まちづくりセンターの参加のノウハウを結びつけ,新たな切り口からまちづくり啓発の機会を拡充する取り組みである.その一つが,身のまわりの生き物調査を通して都市環境の質について考える「生きもの調査隊」の活動である.今までに500名以上の隊員登録を得て,子どもも一緒になった区全域の調査活動が進んでいる.また,今一つは,「国分寺崖線魅力アッププロジェクト」で,区の緑の生命線といわれる崖線エリアを対象にした取り組みである.住民参加によるマップの制作や冊子の発行,保全活動グループと連携したシンポジウムなどを行った.

③地域コミュニティサポート事業：　財団の住まいづくり部門が行う区営住宅管理に,多彩なまちづくりグループとのネットワークを活かして,居住者や地域住民のコミュニティ形成を図る事業である.トラストボランティアと居住者との協働による花と緑あふれる憩いの場づくり,地域支え合いグループを自治会に仲介し,集会施設を開放・活用した高齢者らの元気づくりや交流を図る取り組みが始まった.

④大学と地域の連携を図るインターン制度：

大学の地域貢献のための情報センターとして,また,学生のまちづくりの現場学習の受け皿として,財団が区内各所のまちづくり活動団体との橋渡し役になり,大学と地域の連携や協力関係の拡充を図ろうという取り組みである.大学との話し合いにより,インターンの仕組みや,ネットワーク形成の仕組みなどについて,検討が進められている.

まちづくりファンドとまちづくりセンターが設立されてから時代が一巡し,今われわれは,新たなステージに向けた1歩を踏み出した.

まちづくりの動態は一つ一つ異なり,支援のかたちは一様ではない.さらに,待ちの姿勢だけではまちづくりは広がらず,自ら動いてモデルを示す能動的役割も必要である.つまり,支援の仕組みを固定的なものとせず,幅広い柔軟性を保つことが重要である.そのために求められるのは,人々の小さなつぶやきにも共鳴する鋭敏なアンテナと,前例踏襲に陥らない実験精神である.

まちづくり支援とは,まちの現場との呼応関係をもとに組み立て続けていくものである.

（浅海義治）

文　　献

1)　Hester, R. T.（1984）：Planning Neighborhood Space with People, VAN NOSTRAND REINHOLD COMPANY.

2)　今田高俊（1997）：管理から支援へ—社会システムの構造転換をめざして—. 組織科学, **30**(3), 4-15.

3)　小橋康章・飯島淳一（1997）：支援の定義と支援論の必要性. 組織科学, **30**(3), 16-23.

第3章 まちづくりの考え方

3.1 公平性と透明性

何かを皆で行おうとするとき，必ず中心人物（推進役，調整役）が必要である．まちづくりでもそれは同じで，異論や奇抜なアイディアにも耳を傾けつつ，皆が納得できる範囲で内容を決め，やってよかったと思えることを達成することが必要である．特に，土地建物などの財産がかかわってきたり，自分の人生にも影響が及ぶような内容になればなおさらで，絶対反対も含めて，人々はそれぞれに重大な決断を迫られる．

公平性と透明性という重要な課題を考えるために，本節では，そうした重大な選択を迫られるという意味で，「都市計画」を中心に据えてそのポイントを浮き彫りにした上で，これらについて論じてみたい．

◉ 3.1.1 都市計画の本質

a. 公共目的の達成手段

都市計画法の第1条に，「この法律は，都市計画の内容及びその決定手続，都市計画制限，都市計画事業その他都市計画に関し必要な事項を定めることにより，都市の健全な発展と秩序ある整備を図り，もつて国土の均衡ある発展と公共の福祉の増進に寄与することを目的とする」と書かれているように，都市計画とは，「公共の福祉」の増進のために行うものである（ここでは，「国土の均衡ある発展」も広い意味で公共の福祉の増進の一部と考える）．

「公共の福祉」の範囲やそれを決める主体については，この目的を読んだだけではわからないが，実際の都市計画法の体系をみていくと，おおよそどのようなものかはぼんやりわかってくる．しかし，「公共の福祉」とは一体何かについてはどこにも明確には書かれておらず，解説書を読んでもしっかりその内容が把握できないのが，都市計画というものの本質の一つである．

つまり，「公共の福祉」が何かを決めるのはその時代や地域であって，ある時点でこと細かにそれを書いてしまうと融通が利かなくなってしまう．そこで，「公共の福祉」の内容が長期的に変化しても，またどの地域の「公共の福祉」であっても使えるようにしておくことが，都市計画（特に都市計画法）という仕組みなのである．

その時代，地域で達成したい「公共の福祉」を達成するための有力な手段が，都市計画であるといえる．

b. 私権（財産権）の制限

では，「公共の福祉」の内容が決まったとして，どのように都市計画は達成されるのだろうか．いろいろ説明は可能であるが，それらを一つ一つ吟味していくと，最後には私権（財産権）の制限が都市計画の本質であることがわかる．

言い方を変えると，皆がよいと思うこと（＝公共の福祉）を達成するために我慢する（私権を制限される）ことを強いるのが，都市計画の本質である．もう少しわかりやすくいうと，その都市計画によって得する人と損する人が出たとしても，損する人には「泣いてもらう」のが都市計画であるともいえる．しかしあまりにその差が激しいと，損する人は納得しないだろうから，「公平性」の観点からできるだけそのバラツキが小さくなるようにして，私権が制限される人にはお金を払う（＝補償）とか別の土地を与えるなどして納得してもらうなどの方法がとられることになる．

しかし，そもそも誰が得をしたか，誰が損をしたかがわからなければ皆が疑心暗鬼になって都市計画が成り立たなくなってしまう．また，実際に日本で多く起こっているのはそうした個別のことばかりでなく，特定の個人や団体が秘密裏に事を進め莫大な利益を得てもその実態がわからないという不公平である．そこで，後で具体的に説明するように，都市計画法ではそのようにならないような手続きが定められていて，「透明性」の確保のもとに都市計画を進めることになっている．

c.　推進者の存在

では，「公平性」と「透明性」が確保されていれば都市計画が進むかというと，明らかにそうではない．明らかすぎてつい忘れがちなのだが，都市計画を進めるにはそれを進めようとする推進者が必要である．皆がよいと思っていても「そんな嫌われ役には私はならない」とか，「私は金銭的に余裕がないから誰かにやってもらおう」などと皆が思っていたら，そもそも都市計画は成り立たない．

つまり，「嫌われるかもしれないけれども大きな意味でプラスになるから進めたい」と考える主体や，「私が事業費を負担するから協力してください」，「今は金がないけれど皆で少しずつ出し合ってやりましょう」と発意する人がいなければ，そもそも都市計画は進まない．しかし一方，「大きな意味でプラスになるから進めたい」という考えがそのまま皆に歓迎されるわけではない．あまりに不合理な想定に基づいていたり進め方が一方的すぎると，周囲の人たちには大きな迷惑にもなりうる．特に，立場が違えば置かれた状況や考え方も全く違うことをしっかり認識し，きちんと対処しないとトラブルが発生しがちである．よくあるパターンとしては，行政が町のために尽くそうと道路建設を推進しようとしているのに，住民たちが「いうことを聞かない」という構図である．

こうした場合，推進者はその意図や計画内容の意義・効果を十分説明しなければならない．しなければならないというより，そうしないと皆に納得してもらえない．これを「説明責任（アカウンタビリティ）」という．日本語で「責任」といっている内容は，実は一般的には「遂行責任（リスポンシビリティ）」のことを指している．遂行責任は，何かの役割を負わなければならない際に，その役割をきちんとやり遂げる責任である．説明責任を果たすことは，ある意味，透明性とかかわっていて，この責任を果たすことは公正な手続きの必要条件といえる．

◉ 3.1.2　都市計画の流れに沿って理解する

a.　都市計画決定まで

誰が発議するか　さて，3.1.1 項で述べた都市計画の本質を具体的に理解するため，都市計画法を辿りながら議論を進める．

先ほど「公共の福祉」の増進のために行うのが都市計画であり，そこには必ず「推進者」がいて，煎じ詰めれば目的を達成するために私権の制限を伴うのが都市計画であると説明した．では，「公共の福祉」の内容は誰が決めるのか．私権の制限まで課すような都市計画を進める「推進者」とは誰なのか．

かつての日本の都市計画ではこの辺りの整理が比較的簡単だった．都市計画とは当然，行政が発議し推進するものであり，「公共の福祉」の内容もある程度自明であった．たとえば，ある都市が高度成長期に拡大する際，あらかじめ道路計画を行政発議で決定しておき，公共事業として順次事業化することはきわめて自然であり，一部の反対があったとしても押し切って事業を進めることも可能だった．

しかし今日，その地域に幹線道路が本当に必要かとか，自然を破壊してまで道路建設をすべきかなどについて，はたして何が「公共の福祉」なのかについてコンセンサスが形成されにくい時代になっている．また，地域によっても，社会経済環境やライフスタイルの違いによっても，何が「公共の福祉」の増進かについて，その内容が異なる場合が少なくない．たとえば，東京都心部においては，住宅供給により職住近接を実現することが重要なテーマかもしれない（このような地域では，道路建設は環境を破壊するとして嫌われがちである）が，地域の主力産業が低迷している地域では，もっと道路などのインフラを強化して地域経済の立て直しを図りたいと考えているかもしれない．

こうした事態は当然，誰が都市計画の発議者，推進者になるかについても構造的変化をもたらす．たとえば，東京都心部の住宅供給を進めるのは主に民間事業者であり，都市計画（の私権制限）はむしろ足かせとなっている可能性もある．そのような都市計画を変えるためには，民間事業者の側から提案して，その事業内容に公共性があることを説明し，実際に都市計画を変えていくことも必要とされるようになってきた．東京都心部ばかりではない．郊外の駅前商店街においても，住宅団地においても，そのようなことが求められる時代になってきた．実際，2002年には都市計画法も改正されて民間からの提案制度が創設されるなど，広範な発議・提案が可能になっている．

つまり，今日の都市計画は，価値も相対化して絶対的な「公共の福祉」の内容は決めがたく，さまざまな主体の参画のもとでその地域にとってよいと思われる内容を決めていかざるをえない状況になっている．行政の役割もかつてのような一方的なものではなくなり，そうした選択を促すための媒介者あるいは支援者としての役割が求められるようになってきているのである．

よい計画とするために

①合理的根拠：　公平性や透明性を考える場合，その計画内容が良いか悪いか判断する必要がある．なぜなら，公平性も透明性も主として計画を合意する手続きに関する観点であって，計画内容そのものはまた別の観点だからである．計画内容そのものを議論するのは本節の目的ではないが，少なくとも，計画の良し悪しをそれぞれの主体が判断するに当たって，計画内容に合理的根拠など一定の根拠が備わっていることが望ましい．

たとえば，住宅地の中に都市計画道路を都市計画として決定するケースを考えてみよう．普通，住宅地はそこに生活する人々にとって支障がない程度に道路があれば十分である．しかし，都市計画道路をそこにつくるということは，一般にはより広域の交通需要があり，その辺りに都市計画道路を通さなければ都市機能がうまく働かなくなってしまう，つまり慢性的な渋滞などで都市問題が起こるなどの問題があることを説明しなければならない．さらにより詳細にみたとき，住宅地のどの辺りに，どのような幅員，断面，構造の道路を通すか，既存の道路との接続はどのような処理をするのかといった具体的計画内容とともに，なぜそのような内容がよいかについての根拠を説明する必要がある．一般にこのような都市計画の推進者は行政であるから，行政としては事前に十分な調査などを行ってそのような基礎資料を整えておくことが必要である．甲乙つけがたい2つの案がある場合には，両案の利点・欠点を並記して説明することも必要である．

付け加えると，現代的な都市計画では，単に交通需要があるから道路が必要という説明も，なかなか通じなくなりつつある．なぜなら，道路をつくれば，それまで自動車利用を控えていた人もその道路を使うようになり，さらに道路が必要になるといった現象がみられるからである．また，行政の側にも財源が豊富にあるわけではないので，道路づくりに予算を使うべきか，高齢者福祉に使うべきかというように，道路づくりのことばかり考えていたのでは合理的といえないからである．

これらさまざまな面について十分な説明がなされないと，その計画案は説得力を欠くことになる．また，2通りの可能性があるときに片方しか説明しない場合には，透明性の面で問題があると同時に，公平性の面でも問題と考えられる．もちろん，行政としてどちらか片方の案がよいと考えるのであれば，その理由を説明し，理解を得るように努めることが出発点である．

②関係者の合意形成：　上記の議論から明らかなように，世の中には誰にとっても正しい解答が必ずしもあるわけではない．特に，個別の私権が複雑に絡み合う現代都市においては，合理的根拠があるといってもそれはきわめて相対的なものである．そこで，次に必要になるのが関係者の合意形成である．

ところで，合意形成といっても一般には合意すべき内容が最初からはっきり決まっているわけではない．むしろ最初は抽象的な課題なり解決したい問題があって，それをめぐってどの範囲で何を計画するか，どのようなプロセスを経て計画するかなどがテーマとなる．この段階で公平性の観点から重要なのは，その計画に関係する主体が意見を述べる機会を適切に与えられることである．

これに関して近年，「ステークホルダー」というとらえ方が一般的になってきた．いわゆる利害関係者であるが，たとえば道路計画の場合，それを推進しようとする行政（広域行政の立場と狭域の立場とはまた異なることが予想される），環境保護団体，交通利用者（自動車ドライバーと自転車利用者，歩行者など，さらに分かれよう），沿道住民などが主なステークホルダーと考えられるので，計画づくりをする場合にはこれらの中から公平に代表者を出し合い，その代表者の合議によって計画を決めていくことがよいとされる．

計画内容が固まってきた段階で，実際にそれを行うことを決定する場合に，今度は決定にまつわる公平性が重要になる．

b. 計画決定の手続き

一般的な流れ　多くの人々が絡む都市計画を実行しようとするとき，どこかの時点でその内容を確定し公表しておかないと，実現しようとした計画が曖昧なまま意味を失ってしまう可能性が高まる．そこで，都市計画法に定める都市計画決定によって，実現したい内容を確定するのが次の段階である．

都市計画法第16条が，計画内容を固めるために事前にとるべき手続きを定めている（したがって，決定の前段に関して手続きを定めたものである）のに対して，第17条は，最終的にその案の内容でよいかどうかについて同意を得るための手続きになっている．第17条の手続きでは，まず都市計画の案を「2週間公衆の縦覧に供しなければならない」とし，市役所の窓口などに行けば，決定しようとしている都市計画の案を誰でも閲覧することができるようにしている．もしその内容に意見（特に異議）がある場合には，意見書を提出することができるとしている．

さらに，第18条と第19条では，都道府県や市町村が最終的に都市計画を決定する手続きが定められているが，そこではそれぞれに置かれた都市計画審議会の議を経て都市計画決定することが定められている．最終的な決定は行政が行うのだが，本当にその内容でよいかどうかを中立的・専門的見地から審議するのが都市計画審議会である．中立的とはいっても，本当の意味で中立という立場はありえない．したがって，審議会は一般的に，学識経験者のほかに行政経験者や議員，各界代表者，市民代表（公募含む）によって構成され，さまざまな立場から検討を加えることで，専門的・中立的な結論を導き出すことが期待されて

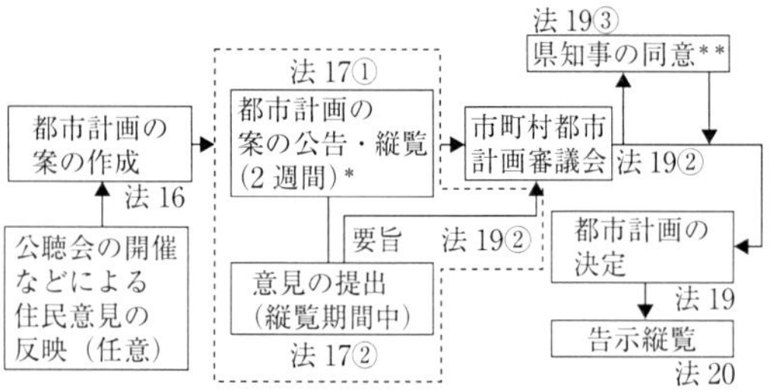

*名称のみの変更の場合には手続きを要しない.
**地区計画などに関する都市計画においては，知事の同意事項は，位置および区域等令第 14 条の 2 に掲げる事項に限定.

（a）

（b）

図 3.1　(a) 都市計画手続きの流れと (b) 都市計画審議会の様子
(a) は愛知県ホームページにより作成. (b) は月刊建設メディアホームページより.

いる．また，都市計画の案を縦覧した際に提出された意見書の要旨は，この都市計画審議会で説明され，それも踏まえて審議がなされる（図 3.1）.

以上は一般的な制度運用の説明であるが，こうした流れに対していくつもの問題点が指摘されており，そのうちいくらかは近年の法改正で改善されたが，まだまだ改善の余地がある．透明性・公平性の観点から，重要なものをあげてみる.

都市計画決定手続きにおける課題

①都市計画審議会の透明性確保：　そもそも都市計画審議会とはどういうものなのか．実は，筆者も審議会を経験するようになってようやくその実態を知るようになったのだが，つい最近まで市町村都市計画審議会が法定されていなかったこともあって，東京区部のような先進的な例を除けば，一般に都市計画審議会での審議の実態や実際の機能はきちんと知られていなかった．また，その審議内容も，どちらかというとすでに結論の決まっている行政案に同意するだけの形式的なものであると一般にいわれてきた.

これに対して，2000 年の地方分権一括法により市町村都市計画審議会が法定され，また，近年の情報公開の流れの中で都市計画審議会自体が公開される傾向にあり，インターネットの普及によって審議結果もかなりの程度透明となり，審議会委員にも一部公募制がとられるようになって，市民がじかに都市計画決定の場面に立ち会う機会も増えてきた.

さらに，都市計画審議会は単に都市計画決定の案件を処理するだけでなく，当該自治体の都市計画のあるべき姿を審議したり，場合によっては行政に対して建議することも一般化してきている.

②決定理由：　都市計画の決定理由というものが，実は最近まできちんと示されていなかったというと，読者の多くは驚かれるにちがいない．しかし，都市計画審議会の内容が不透明だったこととも関係するが，なぜその都市計画を決定するかの説明がないまま，これまでの都市計画は次々と決定されてきた．あえていうなら，推進者である行政が決定したいから決定するのだということになる．先述した行政の「説明責任」がおろそかにされてきたのである.

この問題に対しては，2002 年の都市計画法改正によって，説明責任の観点から都市計画の案の縦覧の際には「当該都市計画を決定しようとする理由を記載した書面を添えて」それを行うべきことが，都市計画法第 17 条の文言に書き加えられた．ただし，「理由」を記載するといっても形式的な書き方にとどまるなど，せっかくの法律改正の主旨が活かされないおそれもある．真に透明な都市計画となるためには，行政側の努力とともに，それをチェックする市民側の努力や，都市計画審議会委員の見識が問われているといえる.

③意見書の処理：　都市計画の案の縦覧の際に出された意見書の要旨（原文が回ることもある）は，都市計画審議会に報告されるのだが，その意見をどう受け止めたかの応答義務はない．これに

ついては，②で示した決定理由によってその一端をうかがい知ることができるようになったという解釈も可能である．しかし，一般には決定理由書はそこまで具体的に書き込まれないので，意見書は一方通行に終わる．2000 年の法改正においてもこの点は議論になり，国会付帯決議のかたちでさらなる改善が必要であることは書き送られたものの，法改正には至らなかった．

私権を拘束しないマスタープラン策定・決定過程においては，わが国でも近年「意見に対する応答集」のようなかたちで行政側の考えを開示することも増えているので，一歩前進といえる．しかし，さらに都市計画一般についても応答義務規定を設けることが必要である．

④利害が対立した場合の解決方法：　都市計画の決定で一番悩ましいのが，利害が対立する場合や少数の反対者がいる場合である．前者については，ある意味，当事者同士の話し合いに任せるしかないのだが（民間同士の紛争などについては，別途その解決を促す仕組みがある），後者については，一般解があるわけではない．民主主義にのっとって多数決で決めればよいというわけでもない．

たとえば，決定の場面ではないが，2000 年の都市計画法改正によって第 16 条 3 項が追加され，住民らが地区計画の案を申し出ることが法的に可能になった．しかし，具体的な申し出手続きは条例に委ねられた．この条例に，申し出ができる住民同意率を規定する例がいくらかみられるようになり，低いものでは 50%，高いものでは「大多数の支持」などと，かなり数値はばらついている．2002 年の都市計画法改正で制度化された提案制度においては，土地所有者などの 2/3 以上の同意が，都市計画の案が提案できる条件とされた．これらは，申し出たり提案すること自体に後から問題が生じないようにしておくという消極的意味と，そこまで同意しているのだからよりスムーズに計画を決定できるだろうという積極的意味を合わせ持つ．

実際の利害対立の場面は，深刻なものも多い．どうしても解決できない場合は，なすすべもなく時間ばかりが経過していく．つくりかけの都市計画道路のような場合には，時間が経つほど無駄が生じる（せっかく投入した公費が無駄になる，遅れること自体に問題がある）可能性も高まる．いくら民主的といっても，大多数の市民に負担を強いるような方法には，問題がある．

こうした事態を解決する方法として，第三者機関が介在する方式が注目されている．都市計画審議会のような（現状では）中途半端な機関ではなく，行政からも反対者からも距離を置いた専門性の高い機関である．両者から距離を置くことで公平性を保つとともに，高度な専門的判断能力を有することで公正さも保つことが可能になるような機関である．さらに，審議を公開することで，透明性も確保できる．日本ではまだ実験段階なのでその効果について評価は下せないが，たとえばイギリスの公開審問制度は，歴史的蓄積のある制度となっている．

c.　計画の実現

「受け身」の都市計画　　都市計画の決定は，ある意味出発点にすぎない．「こうしたい」という内容を皆で話し合って決めた段階である．実際に決めた内容を実現する方法としては，大きく分けて「受け身」の方法と「攻め」の方法がある．

「受け身」の都市計画としては，「線引き」や「用途地域」が典型的で，線によって囲われたゾーン内でやってよいことといけないことが決まっているにすぎない．実際にそこを開発する事業者がそのルールを守ると，時間の経過とともに徐々に想定していた都市計画の内容が現れてくるという仕掛けである．

公平性・透明性の観点からは，かなり合格点が与えられる都市計画なのだが（ゾーン内では皆同じルールに従い，そのルールはあらかじめ決められ公表されている），実は厳しくいうとそこに問題がある．つまり，用途地域のルールを守っていればよい都市ができるかというとそうではないのである．確かに公平ではあるが，最低限のルールしか定められていないので，〈最悪な〉結果にはならないが，〈良好な〉市街地が形成されるわけではないからである．透明性が高いのも，ルールがたいして決められていないからであるともいえる．ただし，こうした事態は，「公平性」や「透明性」に問題があるのではなく，ルール自体に問題や限界があると理解しなければならない．

では，〈良好な〉市街地になるようにルールを決めればよいではないかと誰もが思うし，それは正論なのだが，実は，そのようなルールが決められないので今の日本の市街地があると思わなければならない．つまり，ある人は建物の高さが揃っていることが〈良好な〉状態と考えるかもしれないが，それは別の人にとっては余計なお節介であり，自由に建物を建てられることが重要な価値かもしれない．また，たとえ高さを揃えることに賛同が得られたとしても，ある人は15 m が良好だと感じ，別の人は30 m が良好だと感じるかもしれない．結局さまざまな手続きを経て決められたのが，現状の都市計画なのである．高さが15 m か30 m かという選択でいえば，往々にして日本の都市計画は，反対者の出ない緩めの30 m を決定してきた経緯がある．

「攻め」の都市計画　これに対して，「攻め」の都市計画の代表は，市街地開発事業である．土地区画整理事業や市街地再開発事業が代表的なものであるが，ここでの公平性・透明性は，「受け身」のそれとはやや性格が異なる．

それを象徴する市街地再開発事業を例に説明してみる．市街地再開発事業は，既成市街地の一定区域を指定して建物を除却し，不足している公共施設（主に道路基盤）を整備した後，新たな建物を建設して，そこに従前の権利を変換して割り当てることで（第二種再開発事業も基本的には同じことをしているので，ここでは第一種事業の方法を典型的なものとして説明する）事業を推進しようとするものである（事業費の話はここでは横に置いておく）．この事業には大きくいうと「原則型」と「全員同意型」，「地上権非設定型」の3つの方法が用意されているのだが，過半の事業は「全員同意型」によってなされている．「全員同意型」はその名のとおり，全員がよいといえばよいのである．そういう意味でこの事業は「公平性」の観点から失格の疑いがあり，「透明性」の観点からみても失格となる可能性がある．しかし，好意的にみれば「全員が同意したんだから，どのようなプロセスでそうしたかとか，どのような条件でそうなったかは知らないけれども，ともかくまとまってよかったではないか」ということになる．

この仕組みは，「公平性」や「透明性」の本質を表現している．弁護するなら，全員同意型で再開発事業を進める場合にも，基本的手続きにおいてはいくつかの仕掛けによって「公平性」や「透明性」が確保されているのである．組合施行の場合を例にあげると，第1に，組合を設立するには地権者の2/3以上の同意がなければならない．事業計画を決定するには，総会で過半数の賛成を得なければならない．また，決めた内容が妥当かどうかの判断の一部は，総会で選任された審査委員の過半の賛成が条件とされる．都市計画に位置づける場合には，都市計画手続きにのっとらなければならないなどである．むしろこうした「攻め」の都市計画で重要なのは，それを進めようとする推進者がおり，たとえ困難にぶつかってもそれを乗り越えるだけのビジョンやエネルギーをもっていることである．たとえ一部に「公平性」に欠ける部分があったとしても，「公正な」手続きに従っていればよいし，たとえ一部に「透明性」に欠ける部分があったとしても，結果として「全員同意」であればよしとする．もちろん実際にはそのようなきれいごとでは事業は進まないのかもしれない．しかし，都市計画を考える場合には，このような現実的な考え方が必須になる．

実現されない都市計画と実現される都市計画

公平性とか民主的というと聞こえがよいのだが，往々にして陥りがちなのが「計画は合意できたが実行できない」という状態である．

ある意味これは，民主主義（あるいは社会主義）の悪い面なので，しっかり考えてみたい．

公平に話し合って決めたのに何がいけなかったか．例として，地区のマスタープランを考えてみよう．ワークショップで課題を出し合い，皆で「ああしたい」，「こうしたい」と意見を出し合い，全部はできないので最大公約数的な内容を計画に盛り込み，民主的手続きでその計画を合意したとする．そのプロセスでは情報を公開し，一般住民にはニュースレターで知らせるなど，最大限の努力はした．

しかし，10年経ってもほとんどのことは実行できていない．なぜか．

反省点1．その計画を推進したい主体は誰か．公平性の観点を強調するあまりに，その主体のエネルギーを奪っていないか．もしかすると，そもそも推進者などいなかったのかもしれない．いや，いたはずである．少なくともそのニーズはあったはずである．たとえば，地区内の道路が狭隘で防災上危ないので拡幅したいというような．しかし，本当にしたかったのか．誰がそうしたかったのか．

反省点2．本当にしたいわけではないのに呑まされた計画だった．呑ませたのは行政か．行政でも地区の総意でもない「曖昧」なのが問題なのではないか．誰もコミットしないような計画を立ててもダメなのだ．

反省点3．本当に実現したいのだが，「誰かやってくれるだろう」，「どうせ無理だろう」的な人ばかり．では，何のために計画を立てたのか．思い返してみると，あの決定プロセスで事業を進めたがっていた人に対して，皆が公平に住めるように自己負担なしで居住スペースを倍にしましょう，などと無理な公平性を押しつけていなかったか．そのとき，事業推進者は嫌がったにもかかわらず，公平性原理により事業性が軽視されなかったか．

反省点4．事業性の論理や可能性の論理などを本当に追求したか．多くの計画はそこまで考えていないのが現実なので，どうしても「絵に描いた餅」になってしまうのである．

まとめると，計画に当たっては，本当に実現したい内容なのか，誰がそれを推進するのか，本当に実行可能なのかについてきちんとした検討が必要である．逆に，それがとりあえず総論賛成を得るための計画であるなら，次の段階として計画の実現のための事業計画づくりが必要になることを了解しておかなければならない．さらにいえば，計画を実現した後の管理運営や，さらには，将来的に再度計画し直すことも含めた持続的な取り組みが必要なことを皆が理解しておかなければならない．

◉ 3.1.3 公平性をめぐって

これまでの議論を「公平性」の観点から再度とらえ直し，民主的で効果的なまちづくり活動を促進するための仕組みや技法につき，整理してみる．

a. 公平性を支える制度基盤

さまざまな立場や信条をもつ多くの主体がまちづくりを進める際の政治的基盤は，代表制民主主義と直接民主主義にある．代表制は，国であれば国会，都道府県や市町村であればそれぞれの議会における公選の議員が，選出母体（ステークホルダー）の声を代表しつつ，国，都道府県，市町村全体のために働くことになっている．議会の弱体化などが問題にはなっているが，議会自体を否定するような議論にはなっていない．直接民主主義にも，さまざまな方法があるが，近年話題になっているのは住民投票である．これについても安易な運用を戒める議論や，議会や首長の権限との関係でのさまざまな議論があるものの，住民投票自体を否定するものではない．

都市内の個別地区レベルになると，町内会や自治会をはじめ，さまざまな中間組織のあり方が対象となる．地域内分権も重要なテーマになっている．近年では，NPOの話題にも事欠かない．

本節がテーマとする都市計画に限るなら，以上のすべてが深く関係している．「公平性」の観点からみただけでも，選挙の資格，議決の条件，役員選出の方法など，さまざまな技法が含まれている．都市計画法に限っても，既述した第16～19条の規定を中心に，「公平性」確保のためのさまざまな規定がビルトインされている．近年の傾向としては，地方分権の流れに乗って，法律に条例への委任規定を設けて具体的な手続きについては各自治体に任せる領域が増大している点があげられる．各自治体に任せられた責任を負うのは，その自治体に暮らす市民一人一人である．まちづくりの技法というと，単なる技術，テクニックとみられがちだが，改めて市民一人一人の責務という観点からみると，公平性を支える基盤という観点からだけみても，きわめて大きい責任を全うすることが期待されていると理解しなければならない．

b.　公平性と並んで重要な「公正さ」

議論の手順としてまず「公平性」について整理したが，わが国で近年になってようやく自覚されるようになった重要な規範である「公正さ」について整理しておく．「公正さ」のかなりの部分は「透明性」と絡んでいるので，次項と合わせて理解することが必要である．

「公正」であるとは，フェアであること，つまりルールにのっとってプレーすることであると，素朴には定義できる（これに対して「公平」であるとは，ルールがあるなしにかかわらず誰にも同じチャンスが与えられる（機会の公平）とともに得られた結果も公平である（結果の公平）こととしておく．本節ではこれ以上立ち入らない）．

都市計画を進めるために，公正であることはきわめて重要な規範である．しかし，最近になるまで，日本のシステムはこの観点が非常に弱かった．あえていうなら，ルールにのっとってプレーしようにも，ルールそのものがなかったり曖昧であったりして，特殊な技能や権利をもった人でないとゲームがまともにできない状態だったのである．内輪だけでゲームを楽しむならまだしも，グローバル化した現代では通用しない状態であることが1990年代に自覚されて，たとえば「説明責任」のような規範が，システムとしてもビルトインされるようになってきた．1993年にできた行政手続法をはじめ，都市計画法においても既述したような「都市計画決定の理由書」などの規定や，都市計画法による委任により都市計画の手続条例が策定できるようになったことによって，「公正な」都市計画を進める基盤条件が徐々に形成されつつある．「意見書に対する応答義務」規定や，「対立する意見の調整手続」規定などの面で，まだまだ改善の余地はあるとはいえ，ルールそのものは明確にされつつあるといえる．

c.　アウトリーチ

ルールにのっとった社会は，一方でゲームに参加できない（しない）層を拡大する危険がある．都市の将来像を決めようとするとき，大半の市民は「無関心」なのである．そうした無関心層や，そもそも何らかの理由で排除された人々の問題をどうするかについては，人によってさまざまな考え方があろう（たとえば，そうした無党派層を掘り起こせば当選できるかもしれないといった実利的な見方もあれば，そもそも誰もが参画できる都市計画こそが公平・公正な都市計画であるといった理想論，過半の市民が参加していないと決定した都市計画が実行されない懸念があるといった現実論など）．

ここでは，とりあえずそうした議論には深入りせず，まちづくりの技法の面からこうした課題への対処方法を（あえていえば理想論と現実論の間の立場から）整理しておく．

最も現実的な課題としては，何かを決めるためにそのつど全員が参加して議論することは一般に不可能であるから，代表者や公募委員により案の叩き台をつくることになる．その情報はできるだけ早い段階で周知するとともに，その案に対する意見も幅広く吸収する必要がある．その手法が「アウトリーチ」と呼ばれ，ニュースレターの発行やワークショップの開催，インターネットによる参画の呼び掛けなど，さまざまなツールが開発されている．

次のレベルとして，こうした一般的な方法では声が届かないとか，いつも声が行政などに届かないマイノリティグループなどに対する積極的支援が考えられる．たとえば，あらかじめそうした団体（場合によっては個人）を登録しておき，必要そうな情報を積極的・直接的に届けるとともに，意見を出しやすくするなどの方法が考えられる．

さらに，プランニングエイドのような方法で，都市計画の知識を積極的に与えたり，（本人の学習を支援するなど）直面した困難に対して支援の手をさしのべることもますます重要になるだろう．なぜなら，一般市民は行政や事業者と比べて都市計画の知識も経験も圧倒的に乏しいからである．

d.　専門性と不偏性

公平性や公正さを保つためには，もう一つ重要なポイントもチェックしておかなければならない．当事者同士ではなかなか解決できない問題や，答えの見つからない課題に対して，専門的・第三者的立場の者がかかわることで，質の高い選択を行う方法である．

既述の都市計画審議会には，本来そうした役割が期待されているし，民間同士の紛争調整においても弁護士やプランナーなどが活躍している．さらに近年では，マンションの維持管理や建て替え促進のための新たな専門家が制度化されるなど，従来手薄だった分野にも専門家の活躍できる余地が増えている．

ただし，専門家がかかわる場合にも，報酬だけを期待していたり，特定の利益に関係している（たとえば役所のOBだったりする）ことも多い．そのため，「行政の方ばかり向いて私たちの声はちっとも聞いてくれない」，「第三者だと思って期待していたが全く偏っている」などの不満も聞こえてくる．「不偏性」を求めるのはなかなか難しい．しかし，たとえば，専門家が行政側と住民側双方についていてもおかしくないし，こうした場合は，住民側で信頼の置ける専門家を指名できるようにすればよい（財源の問題が伴うが，ここではこれ以上触れない）．さらに，第三者として双方の言い分を聞き，勧告したり決定する専門家がいてもよい．また，倫理規定によって，専門家といえども自らの利害が絡む決定には加わらないとか，そもそもそのような場面にはそうした専門家を登用しないなどの工夫が必要である．

◉ 3.1.4　透明性をめぐって

「公平」や「公正」は，「効率」や「安全・安心」などと並んでそれ自体が規範であるのに対して，「透明」であることは，目的達成のための手段の一つといえる．

a.　公平・公正な都市計画のために

財産権の制限のような制限的な行為のみならず，再開発事業のところで説明した利益分配的な行為など，都市計画のさまざまな場面で，公平性や公正さが問われる．そのうちいくらかの基本的部分については，ルールの整備などによって達成可能と考えられる．しかし，ルールなどを適用して行った実際の内容や結果について公表されないと，関係者にも一般市民にも疑義が生じたり，実際の不正が隠蔽されたりする．

そこで，都市計画の手続きには，計画図書の開示や計画案の縦覧，計画決定の際の理由書の添付のほか，都市計画審議会の公開（条例による）などによって透明性を高める工夫がなされてきた．

近年では，情報公開の流れも一般化してきたので，都市計画法独自にというよりも，基本法的な部分で情報開示や会議の公開が進みつつある．

とはいえ，計画づくりの途中で未確定の情報が開示されると土地投機が進んでしまうなどの弊害も起こりうる．政治家がそこに介在して大儲けするなどの，とんでもない事実が現実にあることも忘れてはならない．そうした意味で，情報開示はすべて促進すべきであるとはいえない．また，個人情報保護の観点からも注意を要する．

そのような細心の注意を払った上で，さらに透明性の向上を図ることは，公平で公正な都市計画を進める上で重要なポイントである．

b.　効果的・効率的な都市計画のために

透明性の確保には，そのほかにも大きな効用がある．最もわかりやすい例では，近年作成と公開が進んでいる「アボイドマップ」や「ハザードマップ」などの危険情報があげられる．これらの効用は，無駄な投資を避けるという意味では，行政にも事業者にも市民一人一人にとっても大きいと考えられるが，生活者（消費者）の視点でいえば，危険を事前に避けられる点で大きな効用がある．つまり，効率的・効果的な都市計画のために危険情報の透明性を高めることには，大きな効用があるといえる．

実はこうした感覚が広まる以前には，「危険情報が開示されたら不動産価格が暴落して大変なことになる」との心配も強かった．確かに最近の例でいえば，犯罪の多いエリアの公表や，犯罪履歴をもつ者の居住地の開示のように，議論を尽くさなければならない情報もある．しかし，「アボイドマップ」や「ハザードマップ」の公表による心配は，これまでのところ大きな問題になっていない．むしろ，せっかく公表された情報に対する市場の反応がなさすぎるのが問題ともいえる．

根拠ある合理的な内容をきちんと説明することや，場合によっては代替案を提示することで，市民の議論や選択を促すという意味での透明性の確保によっても効果が期待できるとともに，それらは公正な都市計画とするための前提条件ともなる．

c.　信頼される都市計画のために

以上をさらに突き詰めていくと，信頼される都市計画となるために透明性を高めるという観点も出てくる．都市計画の提案理由や決定理由がきちんと説明され，それに対する意見に対しても応答があり，影で政治家が暗躍する心配も少なくなり，市民が切実に得たいと思う情報が容易に得られるような透明性の高い都市計画ならば，多くの人が関心を示し，信頼され，結果的に効果的な都市計画が各地で進むようになるにちがいない．

逆にいうと，現在の都市計画は一部の者にしかわからず，うまみを知っている者が得をし，また，そのようなほころびがシステムとしてある．意見を出してもどう扱われたかがわからず，自分の家が安全かどうかについても適確な情報が得られない．そして，きちんとした説明もないまま道路計画が決定され，最後までゴネた方が得をして，協力した者が損をするなど，システムとしての欠陥により，現在の都市計画に対する信頼は，それほど高いとはいえない．

透明性を高めるだけでは一気に信頼回復とはならないと考えられるが，以上のような観点から絶えずシステムとしての都市計画をチェックし，改善し続けることが重要である．

◉ 3.1.5　システムとしての都市計画の確立に向けて

a.　成熟社会のまちづくりの条件

これまでの議論をさらに発展させると，民主的で効果的なまちづくりを発展させるためには，システムとしての基盤をしっかり形成することが重要であることに気づかされる．筆者は，1998年刊の『イギリスに学ぶ成熟社会のまちづくり』[1]の中で，以下の3分野10項目のポイントを，イギリスをモデルに抽出している（図3.2）．

成熟社会のまちづくりを支える制度基盤
- 積極的な情報公開で都市計画の透明性を高める
- 都市計画の行政手続きをきちんと定めて機会の公平を図る
- 柔軟な都市計画制度により地域や時代に合った都市計画を行う

成熟社会のまちづくりを支える多様な専門家
- プランナー：都市計画にかかわる職能集団
- 計画・環境法曹界：都市計画の法制面からのチェック
- インスペクター：都市計画の「第三者」
- 地方議員集団：地方自治体におけるプランナーのパートナー

成熟社会のまちづくりを支える市民基盤
- 個人に立脚した自己組織化社会
- 市民活動支援ネットワーク：プランニングエイドを中心に
- オンブズマン：過誤行政を監視する市民の味方

図 3.2　成熟社会のまちづくりを支える諸要素の構成[1)]

1つ目の「制度基盤」のうち，第1項の情報公開は透明性に，第2項の行政手続きは公平性や公正さ（特に公正さ）に対応している．第3項の「地域や時代に合った都市計画」は，地方分権時代の条例によるまちづくり（都市計画法の改正で条例への委任事項が増えていることを先に述べた）に深くかかわっている．これらの基本的な制度基盤を整備することが日本でも必要だというのが当時の考えだったが，その後の法改正などによって，徐々にそうした方向に向かっているといえる．

2つ目の「多様な専門家」のうち，第3項の「第三者」の役割については，公平・公正の観点で議論してきた．図3.2では，インスペクターというイギリス独特の専門家が示してあるが，日本では都市計画審議会をはじめとするさまざまな「第三者（機関）」を試行錯誤している現状である．第1項の「プランナー」は，専門性により計画の質を高める役割を期待される職能であるが，日本ではそのような明確な資格は確立されていない．第2項の「計画・環境法曹界」は，弁護士のうち都市計画分野を得意とする専門家集団で，イギリスでは一大勢力を形成している．それだけ都市計画をめぐる法的な仕事が多いわけだが，公平・公正なまちづくりを発展させていくために，日本でもこれから重要な分野と考えられる．第4項の「地方議員集団」が専門家の枠に入っていることに違和感を覚える読者も多いと思われるが，イギリスでは都市計画を実際に決定するのは地方議会であるため，議員といえども公平・公正な判断をすることが求められる．また，倫理的な問題についても，行動規定などによって統制されている（それでもいくらかの汚職や不正が起こるのも事実であるが）．そのためには都市計画について専門的知識を得たり経験を積むことが必要なので，議員向けの都市計画マニュアルが出ていたり，都市計画協会（プランナーの職能団体）が開催する議員向けサマースクールで学習したり（意欲のある議員は専門家向けのスクールにも出ている）と，意欲的に取り組める環境も整備されている．日本でも，条例によるまちづくりがこれから大きな宿題になっていることを考えると，地方議員の専門能力のレベルアップを図る仕組みをしっかり整備することが重要である．

3つ目の「市民基盤」のうち，第2項の市民活動支援ネットワークについては，公平・公正な都市計画を進めるためのアウトリーチを議論する中でプランニングエイドの役割をあげた．これもイギリス独自の仕組みであるが，日本でも最近，都市計画家協会がこの活動を行っているほか，まちづくり条例を工夫して専門家による支援をシステムとして行うことが一般化してきた．第1項の「個人に立脚した自己組織化社会」という表現はいかにもイギリス的であるが，日本の現実に合わせていえば，「市民一人一人の自覚による参画型社会」が近いかもしれない．要は，他人任せにするのでなく，まちづくりを公平で公正に進めるために市民一人一人が主役となっている状態を指す．第3項のオンブズマンについては，これまで触れていないので，その他の仕組みの一つとして最後に紹介する．また，公正なまちづくりのためにもう一つ必要な視点として，「敗者復活の仕組み」をあげる．

b.　その他の仕組み

①オンブズマン：　図 3.2 の「過誤行政を監視する市民の味方」というコメントが示すように，オンブズマンという仕組みは，これまで議論してきたどの仕組みとも異なる．一言でいえば，行政が本来行うべき仕事をきちんとやっているかどうかを監視し，調査権限を使って実態を調査し公表することで問題解決を促す仕組みである．監視するとはいっても，調査が開始されるのは市民からの「申し立て」があってからである．たとえば，行政が法律で定められているとおりに開発許可制度を運用しなかったとか，申請書に対する回答が 1 年経ってもなく，本来行うべきことを行政の怠慢で行っていないのではないかといった内容である．オンブズマンは，調査が必要と考えた場合は，行政内部の資料を含めて「申し立て」の内容が事実なのかどうか，また，事実だとするとどこが問題なのかなどを調査・検討して，行政側に過誤があると認められる場合には，その是正を求めるとともに結果を公表する，というのが一般的な流れである．イギリスでは，地方政府法（日本の地方自治法に近い）にオンブズマンの規定を設けている（国会オンブズマンやその他のオンブズマンもあるが，ここでは都市計画に直接かかわる地方行政に対するオンブズマンを対象とする）．「申し立て」は年間 1 万件以上あり，そのおよそ 1/3 は都市計画や住宅行政に関するものである．イギリスの制度では，オンブズマンは過誤の認められた行政に対し，「申し立て」人への金銭的支払いを命じることができる．行政はそれを不服として支払わないことも可能だが，一般によほどの問題がなければ支払われているようである．

日本でも「川崎市市民オンブズマン」をはじめ，多数の「○○オンブズマン」が活躍している．公式度が高く実績のある川崎市市民オンブズマン制度は，広く行政に対する苦情の申し立てを扱い，調査の上，行政ともその改善策について協議し，いわば話し合いによって行政の改善を促すことを旨としている．典型的な問題例や改善例は報告書の中で紹介されるが，イギリスの場合と異なり公表と罰金により是正させるという方法をとっていない．

②敗者復活の仕組み：　図 3.2 の項目には取り上げていないが，イギリスの都市計画で興味深いのは，システムの随所に「敗者復活の仕組み」とでもいえそうな仕組みが制度的にビルトインされていることである．

すぐ前のオンブズマン制度でも，申し立て人への金銭の支払いは，行わないと行政が判断してもよかった．都市計画マスタープラン策定過程でも，インスペクターの勧告（計画案の内容に異議が出た場合に，行政側と異議提出者の双方の立ち会いのもとでインスペクターが事実を審問し，その結果を勧告書として出すことになっている）に従わなくてもよい．ただし重要なのは，前者（オンブズマン）の例では支払わなかった事実は公表されるし，行政側もそのような過誤がなかったことを説明する．後者の場合（インスペクターの勧告に従わない場合）は，その理由を行政側が示さなければならないと法律で定めている．

典型的なのは，開発許可を申請して不許可となった場合に不服申し立ての道があり，インスペクターの書類審査（ほとんどの案件はそこまでで解決するが，公開審問を開いて事実を確かめたり，決着できない場合に大臣が直接裁定する場合もある）によって行政の判断が覆されて許可となるケースが多いことである．かなり大ざっぱにいうと，開発許可申請のうち 2 割ほどは不許可になり，その 1/5 くらいは不服申し立てが行われる．さらにそのうち 1/4 程度は判定が覆されて許可となるといった具合いである．この場合，裁判所に訴える道もなくはないが，不服申し立ての審査は「行政審判所」という特別の機関が行うことを法律で定めている．実は，幹線道路や空港建設の問題もこうした非裁判型の第三者機関によって担われている．いわば行政と司法の間にワンクッションを設けることで，時間やコストのかからない方法で問題を解決していこうという仕組みである．

これらの「敗者復活」に共通するのは，行政であれオンブズマンやインスペクターであれ，たとえ立派な専門家であっても絶対正しい判断ができるとは限らないという思想ではないか．法律もそのことを踏まえてフィードバックできる仕組みとしている．このような場合，行政担当者も「法律で決まっているんだから俺のいうことに従え」とか，「もう決めてしまったんだから後戻りできない」といった言い訳はできない．市民も含めたさまざまな主体が相互にチェックし合い，より望ましい，納得のいく結果を選択していけるような柔軟なシステムとなっているのである．

（高見沢　実）

文　献

1）高見沢　実（1998）：『イギリスに学ぶ成熟社会のまちづくり』，学芸出版社．
2）高見沢　実編著（2006）：『都市計画の理論』，学芸出版社．
3）日本都市計画学会編（2002）：『実務者のための新・都市計画マニュアルⅠ　1．総合編―都市計画の意義と役割・マスタープラン―』，丸善．

3.2　行政と住民の関係・専門家のあり方

行政と住民の関係，専門家のあり方については，この3者の間に最終的には違いがなくなるのが理想的であるといってしまうと身も蓋もないようだが，これはまちづくりの現場では本当だ．「自律，分散，協調」[1]，そして公平で水平な関係．既存の権威が権威でなくなる．肩書きが通用しなくなる．声の大きな人だけでなく小さなつぶやきも大きな影響力をもつ場合がある．まちづくりの世界では，こうした流れがメインストリームである．

では，専門家はいなくなるのか，行政の存在価値はなくなるのか，市民は専門家や行政マンと同じになるのかというとそうではない．3者はそれぞれの壁を乗り越えて，行ったり来たりする．最初に「違いがなくなる」と述べたが，正確にいうと，この壁が低くなるということである．

相互浸透をし，また自分のところに戻ってくる．戻ってきたときには，一度壁を乗り越えて，違う世界をみた後なので，一回り大きくなっている．それぞれ，本当の専門家，本当の行政マン，本当の市民に成長している．フットワークの軽さが勝負を決める．

まちづくりの現場で何が起こっているのかみていくことにする．

◉3.2.1　行政・住民・専門家，3者の協働―まちづくりを担う3○○―

よく，3○○といわれる．「まあよくやるな」と半ばあきれられるほどがんばる人が，行政にも市民側にも専門家にもいて，それらが阿吽（あうん）の呼吸で連携するとき，まちづくりは大いに進むというのである．

それはなぜか．

市民は，そのまちのプロである．そのまちの遺伝子をもっている．市民の中に知り合いも多い．小学校，中学校以来の同級生も地元にいる．日常の仕事，近所づきあいを通した仲間もいる．また，家族を通して，友人を通して，ネットワークは文字どおり網の目のように広がる．

行政マンは，法制度に詳しい．また，地元の政治家，経済人，文化人などの実力者とのつながりをもっている場合がある．そのまちの政治的，経済的，文化的な実情，弱点，課題，今現在の動きなどに詳しい．

一方，専門家は，その専門性にもよるが，技術，技能，学識をもっており，それがまちづくりのさまざまな場面で，役に立つことがある．中でも全国的な事情，世界的な動向などは，それがたとえ受け売りであったとしても，貴重なニュースソースになる．また，その専門分野ならではの人脈もありがたい．学界の著名人を電話１本で呼んできたりすると，まちの人々は喜び，感謝する．

つまり，異なった能力をもった人々が連携することによって，自分にないものを補ってもらったり，逆に補ったりする．また，異文化の接触，ぶつかり合いの中で思わぬ新しい展開，独創的なアイディアが出たりする．立場が異なると発想が異なることがあり，面白い．

まず，３者の関係の第１段階は，こうしたそれぞれの役割を忠実に演じて，役割分担することである．

第２の段階は，それぞれのいわば壁を乗り越え，互いに行ったり来たりする，相互応答，相互浸透の段階である．専門家は自分の専門性の枠にとどまらず，たとえば，建築士であるにもかかわらず，ホタルの養殖を始め，あたかもその専門家であるかのようになってしまう人も出てくる．ある分野の専門家が他分野の専門家のように振る舞う．また，市民のように，あるいは市民として動く．プロがあたかもアマチュアのようになる．市民といいながら実は何らかの専門家である人が「私は市民だから」と現れると，なかなか手ごわいことになってくる．

逆に，市民が活動経験を積んでくると，専門家顔負けの力量をもってくることがある．行政の事情に通じてくると，行政マンの痛いところを突いてくることもある．行政マンや専門家の意を汲んで市民をまとめきる場合もある．アマチュアがあたかもプロのようになる．おそるべき市民である．

行政マンが，一皮むけると「5時から男」に変身する．すなわち，勤務時間内の通常業務範囲の仕事の壁を乗り越え，一市民としてあるいは一専門家として変身し，大活躍する．たとえば，建築士会で活躍する行政建築士が，平日の夜あるいは土日には一建築士として自己実現をしているかのようにみえる．こうした外での活動は，日常業務に膨らみをもたせる．創造的な行政マンの誕生である．

図 3.3　神戸市長田区真野地区の路地（2006 年，藤田撮影）

◉ 3.2.2　まちづくりの主体形成

a.　1970 年代

1960 年代の後半から 1970 年代にかけての時期は，公害などの反対運動，大学紛争，革新自治体の誕生など，政治の季節であった．全国的にも有名な神戸市長田区の真野地区（図 3.3）などでも，この時期は公害をまき散らす工場を地区外に移転させる公害反対運動が起きた．いわば異議申し立てによる住民参加である．次いで 1970 年代には，全国で五月雨（さみだれ）式に住民自らの手によるまちづくり構想，地区計画づくりが進んだ．厳密にいえば地域の住環境やテーマは異なるが，共通しているのは密集した市街地であり，その改善を目指すまちづくりが進んだのである．真野に加え，大阪府豊中市の庄内地区，東京都世田谷区の太子堂地区，墨田区の京島地区などが有名であるが，いわば地区計画策定への住民参加である．

そして，ここで専門家の登場となる．行政の中の担当者はいわばプランナーであった．また，目を転じて民間では，1970 年代は，建築学科や都市工学科出身者が都市計画領域におけるコンサルタントとして新しい民間プランナーの職能を形成しつつあった時期である．制度がない中で，住民団体を民間プランナーが支え，行政プランナーが引き上げる，そんな関係が生まれた．すなわち，1970 年代は，まちづくりにおける，市民，行政，専門家の役割分担からいえば，都市計画行政のプ

(a) 佐賀県有田郵便局（1993 年，藤田撮影）　(b) 愛知県足助公営住宅団地（1992 年，藤田撮影）

図 3.4　HOPE 計画

ロセスに住民が参加する，それを民間プランナーが行政プランナーへと橋渡しをするという関係が芽生えた時期であった．こうした関係は，1970 年代後半から 1980 年代前半に地方自治体にまちづくり条例ができることによって，法的な枠組みを獲得することになった．行政は住民の組織（多くはまちづくり協議会）を認定し，ここがつくる地区計画，構想に公的なお墨付きを与える．民間プランナーは行政のコンサルタント派遣制度によってまちづくり協議会に派遣され，地区計画作成のアドバイザーとなった．当初は「役所の回し者か」と疑われながらも，粘り強い努力によって後には固い信頼を勝ち得る者も出てくる．

b.　1980 年代

さて 1980 年には，建築基準法および都市計画法の一部改正による法定地区計画制度が発足し，1970 年代に試行錯誤で進めてきた経験をもとに地区計画への住民参加の法制化が進んだといってよい．また，1983 年には地域住宅計画（HOPE 計画：図 3.4）も創設され，地方都市を中心に，地域に根ざした住まいづくり・まちづくりが進展することとなる．前述した大都市の密集市街地を対象としたまちづくりは，たとえ建築学科の出身者であれ，そこで求められる職能はプランナーであった．それに対して，この HOPE 計画はあくまで住宅によるまちづくりであったことから，もともとの建築の職能，建築設計，建設を業とする建築士の出番が増えることとなった．

岩手県遠野（とおの）市，山形県金山（かねやま）町，福島県三春町，長野県小布施（おぶせ）町，静岡県天竜市，愛知県足助（あすけ）町，兵庫県出石（いずし）町，徳島県脇町などで，各地の行政マン，建築士，企業家，そして市民が集ってグループをつくり，地域に根ざした住まいづくりを推進した．

自治体の行政は，国からの指導に基づき学識経験者やコンサルタント，地元の団体の代表などから構成される HOPE 計画の策定委員会などの名称の組織を立ち上げ，計画の策定と事業の推進を担った．これらの組織はいわば HOPE 計画の公式な推進組織であったが，実はそれを支えるグループ，いわば HOPE 計画の実質的な推進組織がそれぞれのまちで存在していたことも事実である[2]．

それは HOPE 計画が始まる時点ですでにそのまちに存在し，活動実績のあるまちづくりのグループである．住宅研究会，○○の会など名称も，そのメンバーの職種構成も，そのまちごとに異なる．地域に根ざした住宅という切り口で，市民参加，専門家参加，生産者参加が進んだ時期である．

c.　1990 年代

1990 年代は，市民参加という点では先行する自治体の後を追って，いわば普通の自治体で総合

図 3.5 復興まちづくり（神戸市野田北部地区の世界鷹取祭）（1996 年，藤田撮影）

計画，都市計画マスタープランや住宅マスタープラン策定プロセスに，市民参加が取り入れられた時期である．筆者の直接の経験だけでも，青森県住宅マスタープラン，堺市総合計画などにおけるワークショップの導入の事例がある．

1990 年代の画期は，なんといっても 1995 年であろう．阪神淡路大震災を機に数百万人ものボランティアが被災地に集まり，NPO の法制化もその後一挙に進んだ．当初の参加させていただく立場から，市民が自分たちで切り開くまちづくりが発展してきたのがこの時期の特徴である（図 3.5）．

日本経済はバブル崩壊後の「失われた 10 年」ということで自信を失ったが，まちづくりと NPO の世界はそれと無関係に明るい時期であった．

21 世紀に入って数年が経過したが，この勢いはとどまるところを知らない．

◉ 3.2.3 市　　民

a. 住民と市民

本節のタイトルでは「住民」という言葉を使っている．わが国には市民はいないといわれてきた．ヨーロッパ的な「市民」という意味で解釈すれば，それは正しい．ヨーロッパ的な市民革命を経ていないのであるから当然である．しかし市民を「首長に成り代わってそのまちのことを考え行動する住民」と定義すれば，十分その資格のある日本人は存在している．しかも多数存在している．

どこにいるか．まちづくりの現場を訪れると，そこには魅力的なまちづくり人が必ずいる．彼または彼女たちは，首長に成り代わっているかのような雰囲気で，そのまちのことを考え行動している．立派な市民である．

1 人の人が何か権力をもつということではなくて，広い視野で物事をみて，みんなのことを念頭に置いて，そのまちの問題や行く末を真剣に考える，そして責任をもって行動する．そういう個人がたくさん集まって何かを生み出すというイメージである．もちろん，1 人で背負うのではなくて，多くの立場の違う人や意見の異なる人と協働して創造する．

すなわち，この 30 年ほどのまちづくりの進展の中で，市民が生まれ成長し，定着しつつあるのが日本の到達点である．

b. 市民によるガバナンス

では，市民となった人たちは何をするか．当事者として主権を行使する．行使できる能力を身につけることが求められている．

それは，その地域（まち）を共同で統治すること，すなわちガバナンス（共治）である．あるまちが，たとえば変化にさらされている，外部から企業や行政の事業が入り込み変化をもたらそうとしている，あるいは，すでに震災や水害などの災害に襲われ，救助，復旧，復興が目前の課題として迫っている，犯罪が起こり，命の危険が迫っている，など．そのまちの住民が協働で，外敵からまちを守ること，さらに，守るだけでなく，まちの宝物を認識し，それを大事にし，生かし，増やしていくこと．そして，まちの価値を上げていくこと．こうしたことを総称してガバナンスという．市民がガバナンスを協働して行う仕組みが求められている．それは具体的にはどのような姿なのであろうか．町並み保全型まちづくりを例にみてみたい．

c.　まちなみ景観協議市民システム

伝統的な町並みが残っているまちでこれを保全しようとすると，一般的には法制度に基づきデザインガイドラインを作成し，それに従って新築，改築を規制，誘導しようということになる．デザインコードあるいはガイドラインは，建築物の外観にかかわる色，材料，形態，寸法について図面あるいは文書によって基準を示す．基準であるから遵守しないと補助金が下りないので，従うことになる．町並みとしては揃っているが画一的な景観ができ上がる．デザインガイドラインの功罪については，設計に携わる建築士たちがよく認識しており，自身が作成したガイドラインを恥ずかしそうにみせてくれる．

では，どうしたらよいか，何がベターであるのか．

でき上がったガイドラインというモノより，むしろ，それをつくったプロセス，プロセスから生まれる人間関係，あるいはグループ，仕組みのパワーが，現実のデザインコントロールの現場では効果があり，価値があるようにみえる．これを筆者は仮説的に「まちなみ景観協議市民システム」と呼んでいる．

たとえば，蔵の町で有名な埼玉県川越市では，「NPO 法人 川越蔵の会」や「川越一番街町並み委員会」が，町並み景観協議の前面に立っている．行政も，改築や新築の事前相談があると，まずこれらの団体と相談することをすすめる．これらの団体は，C. アレグザンダーのパタンランゲージを応用した川越市独自の「町づくり規範」をもっている．しかしこれは，杓子定規な規制のためのガイドラインではなく，提案型である．規制誘導は，規範やガイドラインを参考にしつつも，個別に，柔軟に，かつ創造的に行われるという．ヒアリングによれば，「行政に非公式に認知された市民団体による協議システムで，実質的な景観コントロール力をもつ」とのことである．また「一番街については100％事前相談がある」と自信をもっている．

図 3.6　奈良県橿原市今井町の町並み（2004 年，藤田撮影）

川越市ほどの強力な市民システムではないが，同様なものは，富山県（旧）八尾（やつお）町，滋賀県近江八幡市，奈良県橿原市今井町（図 3.6），大分県臼杵市，熊本県川尻地区などにみられた．また，システムとまではいえないがその萌芽レベルのものは，奈良県奈良町，大阪市平野地区，新潟県村上市，京都市姉小路などにみられた．

すなわち「まちなみ景観協議市民システム」を定義すると，「まちなみ景観に造詣の深い市民，行政マン，建築士がいる．それが，集団でいる．その集団がまちなみ景観に対して，発言し，コントロールする仕組みが存在する．彼らのいうことが市長，議員，行政組織，子ども，一般市民，開発業者など，いろいろな人に受け入れられる．『このまちは景観に関して市民の意識が高い』ということが有名になる」ということになる．

「住民が市民になる」とは，個々人のレベルでは意識と行動が変わることを意味するが，集団としては，以上のようなガバナンスの仕組みをつくり上げることを意味している[3]．

d.　現代版旦那衆—市民の中の市民—

昔，各地の元気な商人町には旦那衆と呼ばれる人々がいた．彼らは，豪商であり政商であり文化人であった．その庇護のもとで，芸術家，職人などが育った．ヨーロッパでも，ルネサンス期のメディチ家をはじめ，多くの貴族や豪商が，画家，音楽家，建築家などのパトロンとなった．洋の東西を問わず共通の現象である．

まちづくりの元気な現代のまちにも，同種の人々がいることがある．これを現代版旦那衆と呼びたい．長野県小布施の元町長，岐阜県の金華在住の銀行頭取，佐賀県有田の商店主たち，富山県八尾の豪商たち，….そういった名士のバックアップのもとに，建築家，建築士グループたちがまちづくりに取り組み，大きな成果を上げている．

なぜ旦那衆たちがサポートすると，芸術家，文化人，専門家が育つのか，これは比較的容易に想像がつく．後ろ楯を得て経済的に安定し，また作品の評判が広がるからである．

さらに，現代社会において，旦那衆たちのサポートによって，まちづくりも飛躍的に進む．それは，一言でいえば，政治力，経済力，文化力の三位一体の総合力が旦那衆たちに備わっているからであろう．しかもそれらが地域に根ざしている．市民の中の市民は専門家を育て，まちを育てる．市民と専門家の幸せな関係の一例である．

こうした，力をもった「偉大な」市民ではなく，普通の市民はいかなる能力をもち，どのような役割を果たさねばならないのだろう．

e. 市民の能力と役割

旧文部省の教育課程審議会が1998年7月29日に出した答申の中に，総合的な学習のねらいとして，「自ら学び，自ら考え，主体的に判断し，よりよく問題を解決する資質や能力を育てる」，「情報の集め方，調べ方，まとめ方，報告や発表・討論の仕方等の学び方やものの考え方を身につける」，「問題の解決や探求活動に主体的，創造的に取り組む態度を育成する」，「自己の生き方についての自覚を深める」とある．これは，小学生の学習のねらいにとどまらない普遍的な内容をもっている．すなわち，「そのまちについて」，「そのまちの」という言葉を文章の適当な場所に入れて若干修正すると，以下のようになる．

「そのまちについて自ら学び，自ら考え，主体的に判断し，そのまちの問題をよりよく解決する資質や能力をもつ．そして，そのまちの情報を集め，調べ，まとめ，報告や発表・討論をする．そのまちの問題の解決に主体的，創造的に取り組む．その結果，各々の自己の生き方についての自覚を深める．」

こうした立場に立ち，こうした能力をもつことによって，そのまちのガバナンスに携わる人々は，すなわち市民といってよいのではないだろうか[4]．

◉3.2.4 行　　政

a. 行政は市民とともに「新しい公共」をつくる

自立する市民，これを行政はどう支えるか．一時期，行政のまちづくり担当部局の名称には「まちづくり推進」というものが多かったように思う．近年では，「まちづくり支援」の方が主流となっているようである．まちづくりの主役は市民であり，行政は支援者であるというメッセージがそこに込められている．

さらに一歩進め，行政が市民を支援するだけでなく，関係する主体全体が協働して「新しい公共」をつくり上げていくという論が，近年出現している．まちづくりプランナーの林 泰義による「新しい公共」論であり，それを実践している地方自治体に，神奈川県大和市や横浜市がある．「大和市新しい公共を創造する市民活動推進条例」の前文は，以下のようになっている．長くなるが引用する．

「一人ひとりの暮しの中には，「私」だけの問題からみんなの問題へと，「公共」の領域へ拡（ひろ）がっていくものがあります．そのような問題を，私たちは長い間，行政だけに委（ゆだ）ねてきました．その反省から，この10数年，福祉や環境，教育，国際交流など「公共」の領域に参加する市民や市民団体が急速に増えてきました．事業者も，地域に役立つ活動や市民との連携に目を向け始めています．

（中略）

このように，多様な価値観に基づいて創出され，共に担う「公共」を，私たちは「新しい公共」と呼びます．

市民，市民団体，事業者それぞれが所有する時間や知恵，資金，場所，情報などを出しあい，社会に開けば，それはみんなのもの「社会資源」になります．行政も自ら資源を開き，「社会資源」の形成に参加することが求められます．市民，市民団体，事業者にとって，「社会資源」は「新しい公共」に参加する活動の源であり，未来を生み出す糧となるのです．

この条例は，市民，市民団体，事業者そして行政が自らの権利と責任のもとに対等な立場で協働し，「新しい公共」を創造するための理念と制度を定めるものです．」（大和市ホームページより）

ここでは，市民や事業者や行政が，「自らの権利と責任のもとに対等な立場で協働」することが高らかにうたわれている．では，これらを実現するためには，どのような場や制度が必要なのだろうか．

b.　プラットフォームによる行政のまちづくり支援

まちづくりの現場で近年盛んに用いられている一つの言葉に，「プラットフォーム」（あるいはプラットホーム）がある．駅のプラットフォームには，さまざまな目的地に向かうさまざまな人がいる．まずは同じ方向の電車に乗るとしても，最終目的地は異なる場合が多い．まちづくりの現場においても同様に，当面の共通点で一致していればよいのである．ある意味で緩やかな出会いの場をつくることになる．これは一見抽象的な概念のように思われるが，たとえば神戸市では，市庁舎のワンフロアを実際に「プラットホーム」と名づけ，市民に開放している（図 3.7）．

図 3.7　神戸市役所内にある「協働と参画のプラットホーム」（小林郁雄撮影）

「協働と参画のプラットホームとは，2001 年に開催された神戸 21 世紀・復興記念事業の理念を受け継ぎ，「市民が主役のまちづくり」をすすめるための場として，市役所 1 号館 24 階に誕生した「協働のオフィス」です．」（神戸市市民参画推進局ホームページより）

c.　市民と行政のパートナーシップ協定

実際の場所だけではなく，制度も重要である．

神戸市は，自立した市民とそれを支える行政のパートナーシップという仕組みを協定という名の制度にしており，その第 1 号は，復興まちづくりで有名な長田区野田北部地区である．神戸市市民参画推進局のホームページをみれば，以下のような説明がある．

「野田北部地区は神戸市の「まちづくり条例」によるまちづくりを先進的に展開してきており，全国有数の地域コミュニティとして大きな評価を得ています．このような優れた地域の力を活用し，「野田北部 美しいまち宣言」の策定に向け，美しいまちへの取り組みを考えるワークショップを開催し，まちの美化，ゴミやポイ捨て，ルールやマナーの遵守，防犯等地域の課題について野田北流解決方法と宣言文について住民と行政で検討してきました．

（中略）

さらにこの宣言による美しいまちの実現に向けて，地域力の向上を図るため，平成 17 年 6 月 13

日には「神戸市民による地域活動の推進に関する条例」に基づき，野田北ふるさとネットと市内で初めての「パートナーシップ協定」を締結しました．これにより市は必要な支援やサポーター派遣などを行い，美しいまちづくりに協働で取り組んでいきます．」

抽象的な言葉にとどまりがちな「プラットフォーム」，「パートナーシップ」は，このように目にみえるかたちで整備される必要がある．

◉3.2.5 専　門　家

a. まちづくり支援専門家は必要か

市民，行政と来て，さて，専門家はどうであろう．

2006 年 4 月に建築会館で開催された「まちづくり支援建築会議発足記念シンポジウム」の席上で，刺激的なやりとりがあった．

まちづくりを支援する専門家，特に学会員である研究者が，市民まちづくりの現場でどのような支援をしたらよいか，どのような役割を求められているかとの問い掛けに対して，まちづくりの現場で活躍している市民や市民に近いところで奮闘してきた建築士，コンサルタントから，「地域に住んでいる建築士や建築士会ならともかく，学会とか大学の先生がまちづくりをやっている市民に歓迎されるとは思えない」，「一緒に汗をかいてほしい」，「一緒に汗をかくより，まずじゃまをしないことが大事」……散々である．会場には爆笑と苦笑が入り交じっていた．

よくまちづくりの仲間内で冗談半分にいうことに，「学経(がくけい)ベカラズ集というガイドブックが必要だね」という話がある．学経とは学識経験者を皮肉まじりにいう言葉であり，おおよそ大学の先生を指す．「絶対これが正しいといわないでほしい」，「ほかのまちや外国の事例をもってきて押しつけるのはやめてほしい」，「悪のりしすぎるのはいい加減にしてほしい」などである．耳が痛い話である．

では，大学の研究者は全く役立たずでじゃまな存在でしかないかといえば，まれではあるが，そうではない場合もみられる．以下のような例がある．

b. 専門家同士の協働―士学連携―

2003 年 9 月に開催された，日本建築学会秋季大会における研究協議会（建築経済委員会住宅の地方性小委員会主催）のテーマは，「コラボレーションによる地域住宅・まちづくり―士・学連携による住まい・まちづくりユニットの構築」という一風変わったものであり，報告者は以下の 5 つのユニットであった．

①青森ワークショッパーズ：　高坂 幹（青森県），北原啓司（弘前大）

②山谷(さんや)ふるさとまちづくりの会：　大崎 元（建築工房匠屋），中島明子（和洋女子大）

③御坊市島団地建替え：　江川直樹（現代計画研究所），平山洋介（神戸大）

④徳島阿波の町並み研究会，脇町：　故 久米将夫（徳島市），重村 力（神戸大）

⑤長崎松浦市，島原市など：　清水耕一郎（アルセッド佐賀事務所），鮫島和夫（長崎総科大）

メンバーをみれば明らかであるが，実務的な専門家（とりわけここでは建築家，建築士）と研究者の協働によるペア，グループ，組織を「士・学連携による住まい・まちづくりユニット」と名づけ，5 つの先進事例を取り上げている．

地域住宅・まちづくりには，市民，行政，専門家（建築士，建築家，コンサルタント），NPO，研究者など，さまざまな立場や主体がかかわり，その協働の仕方がカギであるが，その地域の実情に応じて登場する主体や主体間の協働のあり方も多種多様である．いわば「協働の地方性」がみられるという立場から，士と学という専門家同士の協働を取り上げたわけである．それぞれの特徴を解説する．

①青森ユニット：　青森ワークショッパーズと名乗っていることからわかるように，いわばテーマも対象も無限定だがワークショップの普及を「目的」とした名コンビである．地元の研究者と

県の職員でありながら建築士会会員でもあるご両人が，青森県の住宅マスタープラン策定を機に意気投合し，県下の多くの市町村にワークショップの種をまき，ワークショッパーたちを育て，また具体的な施設の建設過程に際してもワークショップの導入をなしえた．

②東京山谷ユニット：　すでに野宿生活者の自立支援の市民運動が展開していた場面で研究者と若手建築家のグループが遭遇し，連携し，サポーティブハウスの建設という具体的な成果を蓄積しつつある．いわば地域限定対象限定のグループ＋1の士・学連携タイプである．ここでは，研究者のグローバルな学識と建築家グループの実践的な技術との連携が，具体的な成果に結実している．

③和歌山御坊ユニット：　10年に及ぶ市営住宅団地の建て替え事業をコーポラティブ方式でなし遂げた，いわば対象地域限定，事業限定の，ただし長期間にわたる，研究室と設計事務所の組織的連携タイプである．事業の困難さとそれを克服し，なし遂げた業績のわかりやすさから，2002年度の都市計画学会設計計画賞を受賞している．

④徳島阿波ユニット：　この呼称は正確ではないかもしれない．阿波のまちなみ研究会は，県下の町並み調査，農村舞台の復活，漁村集落調査を長年にわたって繰り広げてきた．脇町もその一つの代表的な集落である．その地において建築家でかつ研究者である重村 力氏の設計活動との接点があり，連携がみられた事例である．

⑤長崎県下「住マス」ユニット：　これも変な呼称であるが，長崎県下で広くHOPE計画，住宅マスタープランに貢献してきた研究者と，隣の佐賀県は有田を拠点にHOPE計画をはじめまちづくり的な建築設計に携わってきた建築家とが，長崎県下のいくつかの場面で協働することとなった．いわば接線共有タイプのユニットといえる．

以上の5つのユニットに共通するのは，第1に，地域に根ざした住まいづくり・まちづくりへ主体である住民，市民が参画するというスタンスに立脚していること，第2に，士と学が専門家同士の「よい関係」をもち連携することによって，各々の持ち味を遺憾なく発揮していることの2点である．

すなわち，個性の異なる研究者と実務家（建築士，建築家）がうまく役割分担をして連携するならば，それぞれ持ち味を発揮して，また弱点を補い合って，1＋1が3にも4にもなる可能性を秘めていることがわかる．

専門家同士の連携でさえこれだけのバリエーションがみられるわけであるから，市民，NPO，行政，企業などにも視野を広げると，ちょっと違いのある組み合わせの妙味，連携の可能性は，さらに広がるといえる．

c.　専門家の役割

ここで，専門家の役割を一般論として整理しておくことにする．

①代行機能：　素人に代わってある仕事を代行する．たとえば，患者自身に代わって患部を手術する，被告を弁護する，町並みのイメージスケッチを描く，建築物の図面を作成する，行政へ申請する，交渉するなどの仕事は，専門家でなければなかなかできない．ただし，世の中にはおそるべき素人がいて，プロ顔負けの仕事をする場合がある．専門家が「自分は市民である」と現れるときは手強いが，味方につければこれほど心強いことはない．

②学習支援機能：　素人がプロ顔負けの仕事をするためには，学習をする必要がある．これを支えるのも，専門家の重要な役割である．情報を提供する．手をとって教える．背中をみせて教える．要するに先生役である．

③ブリッジ機能：　ある人とある人，ある団体とある団体をピンポイントでつなぐ．たとえば，国の役人，政治家，ある分野のノウハウをもっている専門家，著名な学者や文化人，他の地域のまちづくりリーダー，外国の専門家，….こうした

役に立つ人々と地元のまちづくりリーダーをつなぎ，引き合わせることによって，まちづくりに貢献する．こうした能力をもっている専門家に電話1本，eメール1通で問い合わせ，紹介を依頼できれば，特に緊急で明確な課題が浮かび上がったときに，即効的に役に立つ．

④ハブ機能・ネットワーク機能：　つなぐブリッジ機能が多方面に及ぶと，情報の入力・出力が放射状になり，いわばハブ状態になる．さらに，多くの主体の出会いの場，アリーナやプラットフォームと呼ばれる場をつくり，多数の主体を招き，さながらパーティのようなイベントを催す．パーティ会場では，主催者の想像を超えてさまざまな思いがけない出会いが生まれ，その後の網の目状の関係が形成されるきっかけとなる．ネットワークである．

⑤第三者評価機能：　まちの宝物は往々にして他所者によって発見される．住んでいる人にとっては当たり前のものが，他所者の目からは光り輝いてみえることがある．古びたアーケードと看板の後ろにある立派な町家の価値を発見したのは，時々訪れる研究者であったりする．

まちづくり活動がよいところまで来ている，こんな可能性をもっている，そして足りないのはこれこれだ，という部外者の専門家の意見に勇気づけられ，発奮し，そして奮闘するまちづくり人たち．昨今，大学や役所などではやりの第三者評価，外部評価は，まちづくりの世界では自然の成り行きで行われ，その効果を発揮していたといえよう．

こうした大事な役割を専門家は担うことができるのであるから，専門家をうまく取捨選択して使いこなすことが市民に求められる大事な役割なのである．

そして，専門家の，とりわけ学経の一番大事な役割は，じゃまをしないことなのである．

◉3.2.6　これからのまちづくり—Web 2.0時代のパラレルワールド—

ITの時代を迎え，市民まちづくりのシーンはどのように変貌を遂げているのか．

eメールやメーリングリストは，今や日本国民の生活必需品の様相を呈していて，まちづくりの現場でも必要不可欠な道具となっている．

ウェブサイト（ホームページ）も多少の技術的なハードルはあるが，元気なまちづくり団体はほとんどが情報発信の手段としてもっており，ここ数年でずいぶん充実してきたような気がする．数年前にはウェブサイトをもっていなかった団体でも，数年ぶりに再び検索してみるとなかなか立派なサイトが立ち上がっているものがあり，隔世の感を覚える．

さらにここ1〜2年でブログが普及し，一層手軽な情報発信の手段がもたらされた．

現時点でインターネットの世界をみると，実は既視感をもってしまう．ブログは今や大流行である．また，Wikipediaやmixiなど参加型ネット，いわゆるWeb2.0という世界が広がっている．ここで，梅田望夫氏のいうところの「総表現社会」[5]が弾みをつけることになる．誰でも表現者となりうる．素人と玄人の境目がなくなる．素人の発言と玄人の発言が同等の重みをもったり，時には立場が入れ替わってしまう．既存の権威が通用しなくなる．

そう，市民，行政，専門家といった職能や肩書きによる差異がなくなっているのである．

本節の冒頭に述べた「自律，分散，協調」[1]，そして公平で水平な関係とは，実はこのWeb2.0の特徴としていわれているものである．これに「おカネにはならない」，「持たざるものが力を持つ」，「不特定多数」への信頼（文献[1]における梅田氏の発言），そして参加による自己実現感，フットワークの軽さなどという言葉を付け加えていくと，どこかでみたことのあるシーンがくっきりと浮かび上がってくる．それは，1990年代後半以降のまちづくりやまちづくりワークショップの現場である．そして，市民まちづくりが1970年代以降30数年間すたれずに，現在でもなお日本全国で盛んであり，なかなか抜け出せない人々，すなわちファンが多い理由は，ここにあるのではないか．まちづくりはWeb2.0の魅力の一部を先取りしていた，ネットの社会がまちづくりにようやく追いついたといってもさしつかえないのではないだろうか．

この2つの異なる世界は，不特定多数の参画という点では非常に似ている．まるでパラレルワールドのようであるが，気になるのは住人が異なりほとんど接点がないことである．現在のリアル世界のまちづくりの著名人，リーダー，論客の姿は，ウェブ上ではみえない．彼らは，リアル世界で超多忙だし，表現する機会も多いし，ネットワークや「予期せぬ出会い」にも恵まれているからである．逆にウェブの住人たちの姿も，まちという狭域の世界では，当然みえない．シリコンバレーに住んでいたりするからである．

しかし，この2つの世界を結ぶ「どこでもドア」をつくり，互いが垣間見える隙間をあけておきさえすれば，何かとんでもないことが起こる可能性がある．両世界の構成員の「参画」に対するリテラシーは同じように高いからである．筆者の今現在のミッションは，ここにあるのではないかと感じている．すなわち，地域密着型SNSをまちづくりの世界に導入することなのである．

（藤田　忍）

文　　献

1)　特集：35歳以上のための「Web2.0」．週刊東洋経済，2006年6月24日号．
2)　藤田　忍（1993）：自治体住宅政策におけるマンパワー戦略試論．『地域と住宅』，勁草書房．
3)　大阪市大藤田研究室＋（社）日本建築士会連合会まちづくり委員会編著（2005）：『まちなみ保全型まちづくり調査報告書―まちなみ景観協議市民システム，ガイドライン，景観法―』．
4)　北原啓司（2006）：住民との協働による地域住宅政策の策定．都市住宅，第53号．
5)　梅田望夫（2006）：『ウェブ進化論―本当の大変化はこれから始まる』，ちくま新書．

第4章 まちづくりのマネージメント

4.1 まちづくりのマネージメントシステム

◉ 4.1.1 まちづくりは運動

住民参加から住民主体へ　「住民参加のまちづくり」といわれ始めてから，すでに25年ほど経つ．4半世紀である．神戸では，1978年の都市景観条例，1981年のまちづくり条例（地区計画及びまちづくり協定等に関する条例）の制定辺りから，主要な都市計画行政の一部に参加型まちづくりが位置づけられた．しかし，それが本当に一般化するのは，15年の経験蓄積と緊急事態へのやむをえない対応としての，1995年の阪神淡路大震災の復興まちづくりからである．大震災が残した貴重な教訓の一つとなる．

地域における都市計画事業や地域整備政策に，住民の意向を反映させる「住民参加のまちづくり」から，行政主導ではなく住民がそれらに主体的に取り組む「住民主体のまちづくり」が，参加型の次の段階である．行政の方からいえば，協働型のまちづくりということになる．

「まちづくり」が問題である　しかし，参加型でも協働型でも，いずれにせよ，問題は「まちづくり」という言い方である．いつからこのひらがなの「まちづくり」という言葉が盛んに使われるようになったのかは，定かではない．が，一説には，名古屋市栄東地区再開発整備において1960年代に使われたのがはじめであるという．もちろん，言葉の用例としてはそれまでにもあったのであろうが，住宅公団と地域住民の相互協力の上での事業推進という実例の中で使われた，という意味での「まちづくり」のスタートであった．

「都市計画」では当然なく，「町づくり」でも「街づくり」でもない「まちづくり」とは，今，一体どのような場合に使われる言葉なのだろうか．兵庫県の県土整備部には「まちづくり局」があり，数年前には1年間だけであったが「まちづくり部」というものもあった．国土交通省都市・地域整備局にも「まちづくり推進課」がある．行政部門でも普通に「まちづくり」という語句が使われ始めている．市町レベルでは，もっと以前からすでに一般的に使われている．

なんでも「まちづくり」なのか　それどころか，福祉のまちづくり，緑のまちづくり，まちづくり事業，まちづくり委員会など，共通する同じ概念の「まちづくり」ではとても囲みきれない範囲にまで「まちづくり」という言葉は使われている．たとえば，兵庫県のまちづくり課はバリアフリーなどのユニバーサルデザイン普及を前提とした福祉からの建築誘導（ハートビル法など）と，大規模小売店舗の立地規制を念頭に置いた中心市街地活性化を扱っている（大規模小売店舗立地法など）．もちろんそれも立派な「まちづくり」であるわけだが，都市計画的な地域整備全般をカバーする「まちづくり」は，都市計画課や市街地整備課などの対象である．一体，「まちづくり」とは，どのような意味をもって使われているのか．

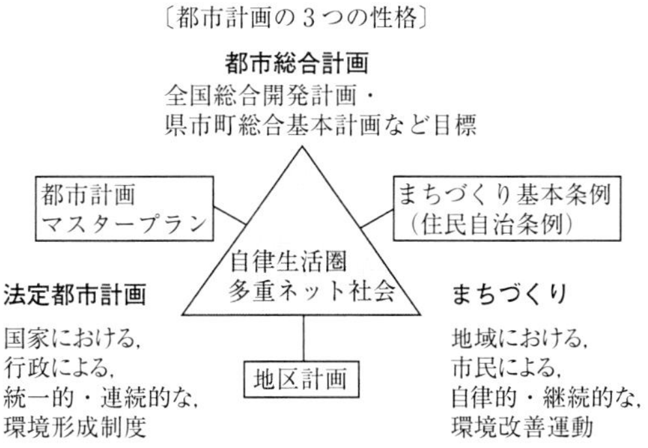

図 4.1　まちづくりの定義（小林原図）

まちづくりとは運動である　筆者は，まちづくりとは，「地域における，市民による，自律的・継続的な，環境改善運動」と定義している．すなわち，まちづくりとは運動である．重要なのは，「地域における」，「市民による」という点にある．地域市民が安全・安心，福祉・健康，景観・魅力のための環境改善運動を，自分たちが自律的に，継続的にやり続けることが「まちづくり」である．

そのような定義からすると，住民参加・住民主体のまちづくりというのは，明らかに重複である．「まちづくり」とは，そもそも，地域において市民によって続けられる運動だからである．

対比的に，〈法定都市計画〉は「国家における，行政による，統一的・連続的な，環境形成制度」ということになろうか（図 4.1）．

◉ 4.1.2　自律生活圏

小規模分散自律生活圏の多重ネットワーク社会

震災ユートピアといわれる 1995 年の 1 月から 3 月にかけて，阪神淡路大震災の現場でわれわれ被災市民が肝に銘じて学んだ教訓は，次の 3 つである．

①巨大なものは脆い．

②やっていないことはできない．

③自分でできることを自分でする．

①は，脆くも崩れ去った高架道路や電気ガス水道の寸断された広域網，自分たちの知らないところで決定されてきた都市運営システム，制度疲労していた精緻なピラミッド型統治機構などを指す．これらが大災害情報途絶時，緊急支援の届かぬとき，どれほど頼りなく何の意味ももたぬものなのかを，われわれは知ってしまった．巨大なものやピラミッド組織は脆く，一部が崩壊すると全体機能がマヒする．高架高速道路や全体行政統治機構など，絶対的確かさを信頼させていたものほど，危機状況に対応不能なことがよくわかった．

情報技術などさまざまな助けを借りて，「大規模集中」の 20 世紀文明から，21 世紀は「小規模分散」社会を目指す必要がある．あらゆる集中ピラミッド状態から，すべて小さなもののネットワーク化へ，である．

②は，平常時にやってないことを，すわ非常時といって，できるわけがないということである．練習を積んでいなければ本番はおぼつかないという，当たり前のことを改めて知った．都市計画，まちづくりから共同化，マンション再建など，多くの人々の多くの意見を調整しなければ，復興は始まらない．そうした合意形成の事前準備に，堅苦しい会議や寄り合いの定常的開催が必要とは限らない．盆踊りでもバザーでも，その準備など，地域における話し合いの習慣さえあれば十分である．計画につながる日常化システムが重要である．日常的なまちづくり活動の継続が，非常事態の震災復興にどれほど役に立ったことか．「まちづくり協議会」の本当の存在意義はそこにある．

③は，人にとやかく能書きを示す前に，自分ですることが震災ボランティアや NPO の原則であることを学んだ．さらに，自分でできることをする自助が被災者復興の原点でもある．自分でできることを自分でする以上に確かなことはない．それを相互に助け合ったのが，震災被災地 3 か月間のユートピアであった．ネットワーク社会とはどういうものかが，おぼろげな姿をみせていた．

「市民まちづくり」の原則は「自律」であり，それはパートナーシップの基礎条件である．自律を条件とした「連帯」がネットワーク社会の中枢である．「自律と連帯」こそが，阪神淡路大震災が教える震災文化の核であり，われわれが震災から学んだ最も重要なものである．そして，大震災に直面して最も心に深く刻んだその思いから描いた都市生活の将来像が，「小規模で分散した自律生活圏の多重なネットワーク社会」である．

ふれあいセンター・コレクティブハウジング・まちづくり協議会　阪神淡路大震災でなくなったものは数多くあるが，新たに生まれたものもいくつかある．震災復興「まちづくり協議会」がその一つである．仮設住宅「ふれあいセンター」と協同居住型集合住宅「コレクティブハウジング」と合わせてこの3つを，筆者は阪神淡路大震災が生んだ「新たな知恵（仕組み）」としている．

被災者，避難民，仮設住宅収容者が最も必要としたものは，孤立しないための場である．ふれあいと交流であり，そのための「ふれあいセンター」であった．続いて，新たにつくられる本設住宅と新しいコミュニティ形成の出発点は，協同居住へのまなざし，配慮である．「コレクティブハウジング」がその責の一端を担った．同時に，コレクティブタウンとしての，下町近隣環境の再生がそれ以上に必要である．そのためにも，自分たちの「まちづくり」を話し合う機会，定常的取り組みが，非常時の力となる．まちづくり協議会の日常的な活動の重要性はそこにある．

仮設住宅地を支えた「ふれあいセンター」，震災復興住宅に導入された「コレクティブハウジング（協同居住型集合住宅）」，市民主体の震災復興における「まちづくり協議会」，この3つが阪神淡路大震災から生まれた復興まちづくりの知恵であり，これからの成熟社会，市民社会における重要な仕組みとなるものであり，全国に発信すべき被災地の希望でもある．

震災復興混乱期すなわち行政的基準化される前のカオス期に，この3つの仕組み（システム）を支えたのは，3つの新たなネットワーク運動であった．ふれあいセンターにおける被災民の集まりを支えた「震災ボランティア」，コレクティブハウジングの実現と立ち上がり，生活支援を行った「事業推進応援団」，まちづくり協議会の活動や交流をコーディネートしてきた「市民まちづくり支援ネットワーク」の存在が重要であった．それらは，既存組織や既存運動体にはない自由な自律活動と，緩やかな連帯に，いずれもその特徴がある．阪神淡路大震災が，ボランティア元年，市民ネットワーク元年といわれるゆえんであり，わが国のNPO（特定非営利組織）活動の原点ともなった．

今後到来する大都市既成市街地の21世紀のまちづくり課題を解決する方策として，重点的に進めるべき仕組みは，密集市街地における安全安心なまちづくりのための「ふれあいセンター」，高齢社会における住宅・住環境整備に向けた「コレクティブハウジング」，そして，都市計画・まちづくりにおける住民参加システムとしての「まちづくり協議会」の3つであるということを，阪神淡路大震災復興まちづくりは示したのである．

それらが高齢密集都市集住への具体的仕組みとして，自律生活圏の基本部分をなすという構図である．

◉ 4.1.3　まちづくり協議会

参画協働による市民活動社会　市民の「参画協働」への取り組みは，全国を駆け巡り，燃え広がっている．「自律と連帯」を合言葉とする「市民活動社会」が21世紀の社会像であり，地域主権と情報共有を条件に，市民が主体となりコンパクトな自律生活圏が多重にネットワークしている自律連帯社会を目指すということである．国家やグローバル経済といった「国際・企業」時代から，個人や地域ネットワークによる「民際・市民」世界への転換が進んでいる．そのキーワードとなる行動原理が，「参画協働」である．

市民活動社会の基本は，コミュニティ（地域社会＝社区）を基礎単位として，そのネットワーク化された状態にも配慮した，維持，運営，発展であり，そこで繰り広げられる活動の総体が「地域における，市民による，自律的・継続的な，環境改善運動」と定義される〈市民まちづくり〉である．

そうした市民まちづくり（環境改善運動）のカギを握るのが，「まちづくり協議会」である．逆にいえば，まちづくり協議会は自らのまちの自律圏としての活動にこそ，その存在意味をもたねばならない．震災復興でその意味が確かめられたまちづくり協議会が継続，発展していかねばならない理由であり，市民まちづくりに果たす責務は大変大きい．

市民活動社会の市民まちづくりにおける倫理的・論理的な社会基盤は，「合意形成」である．まちづくり協議会は，そうした合意形成のための，住民を主体とする集まり，機会，場（フラットなプラットフォーム＝誰もが自由にアクセスでき，好きなところに出発できる）であり，住民を中心とした自律的で連帯した市民組織である．あるいは，あるべきである．

神戸市のまちづくり協議会システム　住民主体の市民まちづくりを支えるまちづくり協議会システムが，神戸市では1980年代から整備されてきた．その基本は，「神戸市地区計画及びまちづくり協定等に関する条例」いわゆる「まちづくり条例」(1981年12月制定) に基づく．この条例は，神戸市が住民組織としてのまちづくり協議会を認定すると，その地区におけるまちづくり構想の市長への提案権をもつことになり，合意すればまちづくり協定が結ばれる．

この条例が生まれることになった住民まちづくり活動で全国に名高い「真野まちづくり推進会」に，1982年5月，まちづくり協議会認定がなさ

(a)

(b)

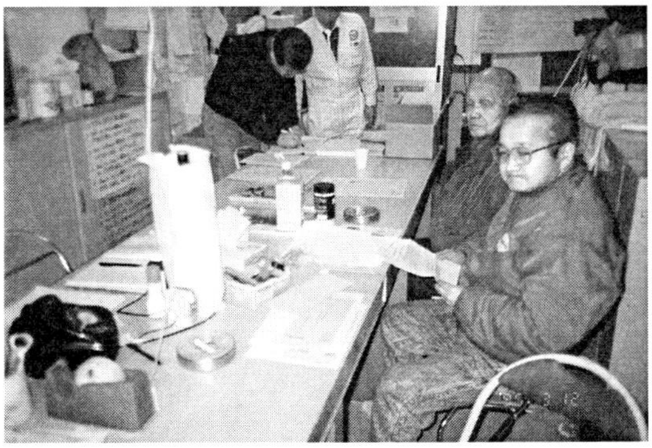

(c)

(d)

図4.2　真野まちづくり推進会（1995年2〜3月，小林撮影）
(a) 震災直後の真野地区南部．中央下部に震災対策本部の置かれた真野小学校（新校舎建設中）がみえる．(b) 対策本部内部．
(c) 復興活動に参加する推進会のメンバー．(d) 小学校玄関で水配りの作業を手伝う子どもたち．

れて以来，震災前に12地区の認定がなされていた．その他，長田区野田北部地区や灘区味泥地区など，住民自らで自分たちのまちをよくしていこうとつくった組織として，さらに16地区ぐらいができていたり，準備中だった．そうした背景をもつゆえに，震災後，神戸市だけでも合計97のまちづくり協議会が，復興まちづくりに向けて，活動してきている（図4.2）．

とりわけ，震災以前からまちづくり活動のあった地区では，震災直後から秩序立った将来を見据えた「復興市民まちづくり」が直ちに始められた．突然の緊急時には，常日ごろの身についた活動が，誠に重要な役割を果たすということである．

全国の都市で，なにはともあれ明日からでも，緊急災害対応などに準備すべきは，こうしたまちづくり協議会などによる「市民まちづくり」への取り組みといえよう．

◉ 4.1.4　まちづくりのマネージメント

プランニング（イメージ）よりもプログラム（マネージ）を　阪神淡路大震災にあって，まちづくり協議会がシステムとして機能し，多様で即応する活動が展開されたその最大要因は何であったか．それは，復興まちづくりへの地区としての計画プラン（イメージ）ではなく，実際になすべき事業への実行プログラム（マネージ）に重点が置かれた活動であったことにある．緊急事態に日々の問題課題へリアルタイムに対応せざるをえない，そこで最も必要なことはプランではない．将来の展望に向けたプランが描ければそれに越したことはないが，当面必要なことは，問題に対応する事業や活動のプログラムをいかに組み立てうるか，マネージできるかであった．そして，そこにこそ被災市民のまちづくり協議会への信頼と期待があったし，その後の展開においても，まちづくり提案などのプラン策定より，プログラム実行能力こそが，まちづくり協議会存続のカギを握っていたのである．

それは言い換えれば，まちづくりという運動のマネージメントをどうするかということである．運動の目標とプランニングよりも，過程のプログラムやマネージメントが被災からの復興市民には重要であったということである．日常時のまちづくりにおいても，そうした事情は変わらないはずである．まちの自律的・継続的な維持，運営，発展を誰が支えていくのか，すなわち誰がまちをマネージしていくのか．まちづくり協議会こそがその責務を担うのである．

コンパクトタウン・自律生活圏　マネージされるまちとはどういうものか．その一つの答えは，神戸市が1999年3月に検討発表した「コンパクトシティ」構想（持続可能な都市，地域発意のまちづくり）である．

近隣住区を超え，環境的にも地域経済としても自律循環を目指し，自己決定できるコミュニティとしての「自律生活圏（まち住区，コンパクトタウン）」確立こそが，住民主体のまちづくりのゴールであり，災害に強い（打たれ強い）市街地の基本である，というものである．そして，そうした自らの生き方を自らで決定できる，小規模で分散した自律生活圏（当時の笹山神戸市長は，コンパクトタウンと称した）が多重にネットワークされている自律連帯都市＝コンパクトシティが重要である．施設面でも情報面でも，人間関係や行政組織でも．国際・広域のネットワークが地域・個人と直結するかたちで，生活圏の多重ネットワークとして形成されていること，それが地方自治体であり，国家であるという構図である（当時の貝原兵庫県知事は，それを人間サイズのまちづくりと称した．震災当時の両自治体の首長がともに，震災5年を経て，災害に打たれ強い都市として同じような結論に至ったことは，誠に興味深いことである）．

20世紀が国際・企業中心の企業活動社会であったとすると，21世紀は民際・市民中心の市民活動社会であり，その目指すべき都市像「自律生活圏の多重ネットワーク社会」は，震災復興で学んだ安心で安全なまちづくりのための最も基本原理である「自律と連帯」に基づく．こうした自律連帯都市＝コンパクトシティは，市民の環境改善運動である「市民まちづくり」によって育まれる（図 4.3）．

循環型環境・地域型経済・連鎖型社区　自律生活圏＝コンパクトタウンとは，環境，経済，社区（生活圏）が自律して存立している地域生活圏域のことである．かつての神戸市総合基本計画では「まち住区」と称していた生活圏域（シビル・ミニマムの基本である「近隣住区」に対比させ，コミュニティ・マキシマムを達成することが目標）と重なるものである．

・環境（Ecological Enviroment）：　身近な生活環境から地球環境に至るまで循環自立型に．

・経済（Local Economy）：　地域に立脚した（Community based）産業を礎とした経済循環を．

・社区（Neighborhood Community）：　自律したコミュニティを基本にその連帯した都市を．

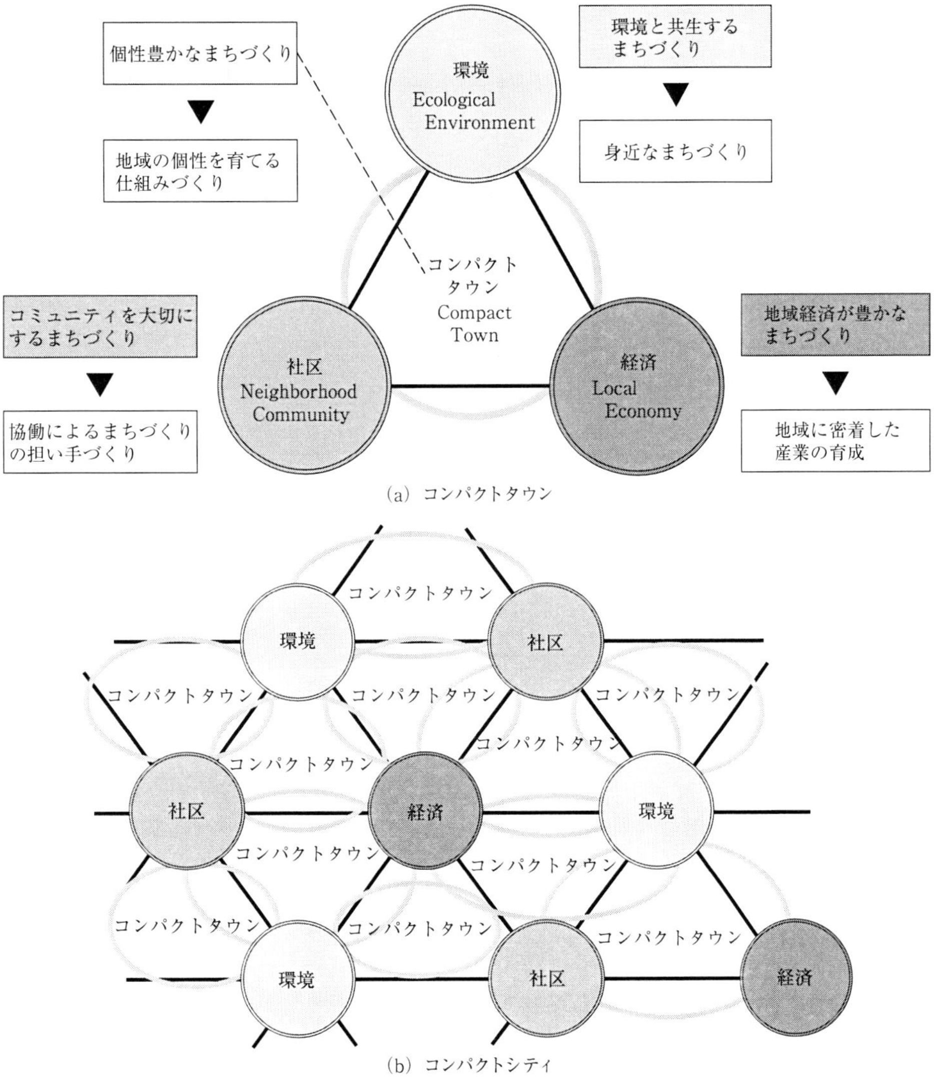

図 4.3　環境と経済と社区でつながっていくコンパクトタウン（a）の多重ネットワーク社会を，コンパクトシティ（b）という

こうした環境，経済，社区の目標を達成するための自治政策は，以下のような施策を積み重ねていくことによって徐々に醸成されていく．

〈循環型環境〉を目指す「環境と共生するまちづくり」施策としては，循環型社会に向けたライフスタイルの提案や，歩いて行ける身近な拠点整備を進め，さらに，水と緑のネットワーク形成や車利用の低減を目指すような地域循環モビリティの向上に取り組む．

〈地域型経済〉を目指す「地域経済が豊かなまちづくり」施策としては，中長期的には市民産業（コミュニティビジネス），市民起業家の育成や地域立地企業（ビジネスコミュニティ）の地域活動促進への支援を進め，まずは，まちづくりと一体になった地域に密着した産業の育成を図り，地域産業の振興や新たな業態開発の促進に努める．

〈連鎖型社区〉を目指す「コミュニティを大切にするまちづくり」施策としては，住民主体のまちづくり支援をはじめ，もう一歩踏み込んだ住民活動事業の推進支援から，将来はまちづくり会社に対する支援など，協働によるまちづくりの担い手づくりを目指す．

こうした自律生活圏の多重ネットワーク社会こそが，まちづくりマネージメントの対象であり，目標である．

◉4.1.5　まちづくりのための仕組み

まちづくりのための基本条件整備　「市民まちづくり」促進の基本条件を，とりあえず早急に整備する必要がある．まちづくりの主体である住民を中核にした地域構成員や地域ネットワークをつくる市民が，自律的にまちづくり活動にかかわることができる保証が，まず基本である．そのためには，「まちづくり基本法」とか「まちづくり基本条例」といった法律的な条件整備により，市民まちづくりやまちづくり協議会など市民主体のまちづくりを，地方自治を支える重要なシステムとして認知・確認する必要がある．

基本法的な市民まちづくり法などで実質的な市民まちづくり活動を保証し支援していくため，その活動主体としての組織を公的に認知し処遇する必要がある．一般にNPOといわれる営利を目的としない組織的な集まりの法人格認定から，まちづくりへの参画に対する支援に始まり，地域のまちづくり協議会などのCBO（community based organization）との協働，まちづくり法人であるCDC（community based development corporation）の育成がその道筋である．

合意形成のための仕組み―まちづくりの協議会・ハウス・センター―　そうした基本条件の迂遠な整備過程を待っていても始まらないので，現在の条件のもとで市民まちづくりをとにかくスタートさせたい．そのために多くの住民の参加による討論，合意形成に向けた機会（時と場所）を確保しなければならない．

すなわち，定期的な討論機会の安定した開催ができる定常組織としての「まちづくり協議会」，自由にかつ気楽にいつでも集合でき自主運営できる常設場所としての「まちづくりハウス」，そうした討論機会の基盤確保も含めて住民の要請に即時対応可能な支援基地としての「まちづくりセンター」である．

こうした組織存続，発展のためには当たり前である仕組みが，住民主体のまちづくりにおいて用意されていることが，組織規約や代表者選出などの形式以前に不可欠である．

行政・専門家・市民のまちづくりネットワーク　基本条件の整備，まちづくり技術の蓄積，地区整備の包括補助といった，住民主体のまちづくりのためのさまざまな方策を，1つずつ入念かつ大胆に用意していかねばならない．しかし，最初から最後まで，最大の課題は人間のネットワークである．行政と住民・市民のつながり，それらの間に立ってさまざまな調整や通訳をする専門家，それらまちづくりネットワークが，この大震災においていかに重要であったことか．結局は，人と人とのネットワークがすべてであり，まちづくり協議会がとりあえずその中核となる具体像である．自律（主体）と連帯（協働），ネットワークとパートナーシップである．

◉ 4.1.6 まちの運営と市民事業

まちの運営を担うビジネス改善地区　アメリカには，中心市街地活性化のための地域マネージメント制度として，ビジネス改善地区（business improvement district：BID）という仕組みがある．地域における産業活性化を目指す環境整備を目的として，治安維持，清掃，公共施設管理運営などを，通常の行政サービスや産業振興策以上の上乗せした対応を，当初に提案された地区計画にのっとって，独自地域に提供する州法で定められた特別地区である．

BIDは，州法に基づく制度なので，州ごとによって違いがあるが，注目すべき点は，非営利団体の形態をとる地区管理組合による運営でありながら，その活動資金を地区内の不動産所有者や商業経営者などから負担金として独自に（徴税と合わせて）徴集する法的権限をもつという点である．そして，多くがNPOによって運営されている点である（文献[5]などによる）．

まちの運営は，原則的には税によってまかなわれるが，本来，構成員である住民を主体とした自治体制の中での相互扶助であるべきだろう．このアメリカにおけるBIDのように，受益者負担を超えた負担者自治とでもいうべき地域自律のわが国における「まちの運営システム」のかたちをつくっていかねばならない．

まちの経済を担う市民事業（コミュニティビジネス）　自律生活圏＝コンパクトタウンの最も基本属性である自律性の根本は，地域の経済循環である．コミュニティ経済社会を支え，さまざまな活動を循環させるための通貨，金融についても，地域としてのほかからの影響を最小限にし，地域内循環を最大限に進めたい．

介護などの福祉事業，ゴミ処理などの環境問題，いろいろなコミュニティのサービスといったものの非営利な交換システム（local exchange trading system：LETS）や市民事業（コミュニティビジネス）などが用意できれば，7割近くの生活活動がコミュニティで完結し，グローバルエコノミーなどの貨幣経済に左右されない地域経済循環をつくり出すことができる．

神戸市復興推進懇話会の報告書（1998年3月）では，「市民事業とは，有償だが，営利を目的としないで，地域の環境や福祉，人づくりなどのサービスを提供する活動」と定義している．また，復興時の特徴的な活動として，地域での雇用や生きがいの場づくりをあげている．そうした市民事業（コミュニティビジネス）には，次のような意義があり，まちの経済を担う重要な役割が期待できる．

・地域ニーズの充足：　地域福祉，生活環境，地域コミュニティの充実や活性化などにおいて，行政と民間の隙間分野が存在するため，これを充足する社会サービスの担い手が必要である．また，安定社会に向けて新たな分野も増大する可能性があるが，これ以上の税負担を避ける行政以外のサービスの担い手が必要になっている．

・就労機会の創出による地域の活性化：　経済の成熟化や産業の空洞化の進展から，雇用機会，就労機会の絶対量の不足が予想され，地域での就労の場を確保していくことが必要である．また，少子化・超高齢化の進展により，現在未就労の割合の高い高齢者や女性などが働きやすい就労機会を提供する効果は大きい．地域での「新しい働き方」を提案・提供する市民事業のもつ意義はさらに大きい．

・個人の自己実現のための機会と場の提供：

安定社会に向けて，一人一人が自由で調和した自律社会にふさわしいライフスタイルを構築していく必要があり，市民事業で「働く」ということを通じて，自らのアイデンティティと生きがいを見出すことができる．

・生活の総合の場としてのコミュニティの形成：　コミュニティに対する意識と考え方の見直しが求められており，これまでの行きすぎた個人主義の反省を踏まえて，豊かな人間関係を構築する場としてコミュニティをとらえていくことが必要である．市民事業は，「働く」，「生活する」，「文化を享受する」という側面から，コミュニティの形成に資する．

◉4.1.7　まちづくりのための資金・基金

地区整備への開発総合補助　住民主体によるまちづくりの推進支援は，結局はその経済的支援の仕組みを用意できるかどうかである．ありていにいえば，お金の話である．特に組織活動経費や地区整備予算など，行政が関与すべきはそこにある．いくつもの場面で経済的支援が必要であるが，最も重要かつ重大な局面は，地区整備や地区開発の予算や補助の仕組みである．

アメリカで1970年代に創設された「コミュニティ開発総合補助金（Community Development Block Grant：CDBG）」は，コミュニティ再投資法（後述）と同じく，1974年に制度化された間接的な公共住宅供給支援策を目標とした「住宅コミュニティ開発法」に基づくものである．ある地区の住宅，住環境，雇用，福祉，地域経済など，包括的な地域づくりへの取り組みをコミュニティディベロップメントと呼び，それに取り組む市民ベースの事業体が先述のまちづくり法人CDCであり，その包括的継続的な総合補助制度がCDBGである．

地区における市民まちづくりへの取り組みの果実を保証する経済的支援は，都市全体均一の整備水準などにとらわれることなく，地区の実情に応じた整備方針チェックのみで行う．個々の事業ではなく地区整備に総合的に活用できる予算や補助の仕組みが，住民主体のまちづくりを具体化する手段である．

まちづくりへの投資　公共的な地区開発整備への事業投資は，一般に行政により税金でまかなわれる．まちづくりが平均的，一律的であればあるほど，行政の公平原則から公共投資は容易である．しかし，地区住民の主体的まちづくりは，もちろんその多様性個別性にこそ特質があり，意味がある．先駆的な取り組みほどそうなる．だから，特徴あるまちづくりになるほど，行政資金導入投資は困難になる．まちづくりにおける民間投資の必要はそこにある．

大震災において「復興基金」が果たすべき役割も，実はそこにあったと思うのだが，現実はなかなか難しい．

アメリカにおける「コミュニティ再投資法（Community Reinvestment Act：CRA）」は，金融機関が自らの立地するコミュニティに対し，営業地域内の衰退地区などに一定基準以上の投資・貢献を義務づけているもので，1977年に法制化された．1960年代から1970年代にかけて金融機関が低所得者地域への融資を拒否した問題が契機になったという．銀行としては厳しい罰則も伴うため，CDCと協力してコミュニティ投資を進める必要があり，CDCは事業に必要な資金調達を金融機関から得ることが可能になった．

震災復興におけるまちづくり基金　阪神淡路大震災において，さまざまな「まちづくり基金」が登場し，それぞれが効果を発揮した．復興まちづくりにおいて，使途に時間的・範囲的な限定が強い税金ではカバーしきれない公的な資金を必要とする事業が，限りなくある．

その代表である9000億円の大震災復興基金では，この10年間で3540億円の運用益が，住宅対策（1129億円），産業対策（549億円），生活対策（1816億円）などの復興基金事業に活用された．個人資産の補填を頑として拒む国家財政と，個人の復興なくして社会の復興は考えられない地域現実との落差をかろうじて補った功績は大きいし，今後の大災害時，さらには，平常時におけるまちづくり基金の有効性を示唆している．

そうした公的な基金のほかに，多くの民間の復興支援基金も力を発揮した．競艇特別競走の拠出による主にNPO活動支援の「阪神・淡路コミュニティ基金（HAC)」(3年間で5億3163万円の助成)，まちづくり市民財団の特別基金で住民主体の復興まちづくり支援の「阪神・淡路ルネッサンスファンド（HAR基金)」(5年間で4230万円の助成)，コープこうべの福祉文化事業積立金によるボランティア振興の「コープともしびボランティア振興財団」(3年間で3507万円の助成)，アート・エイド・神戸の芸術家支援・文化活動支援の「神戸文化復興基金」(4年間で2550万円の助成)，さらに，「公益信託神戸まちづくり六甲アイランド基金」，「しみん基金・こうべ（KOBE)」といった特徴ある支援基金は，現在もなお活動を継続している．

震災時の復興まちづくりにおいて大きな役割を果たしたこれらの基金は，自由な使途，公開審査の透明性などに特徴があり，市民団体支援への大きな方向性をつくったといえる．

◉4.1.8 まちづくり支援のかたち

市民まちづくり支援ネット　正式には「阪神大震災復興市民まちづくり支援ネットワーク」という長ったらしい名前だが，震災直後から10年間，われわれがなすべきこと，さらには，これからもし続けること，しなければならぬことを，過不足なく示すためにはこれだけの長さが必要であった．あのすべてが騒乱状態だった震災直後の10日目に，自分たちが何をなすべきかを考えて「とりあえず」つけた名称にしては，その後の活動の方向を示し，10年後の今も改称する必要のないというのが，自慢である．しかし，5年目くらいから「阪神大震災復興」という前置きをわざと外して，「市民まちづくり支援ネット」と略称している．

「阪神大震災」からの「復興」に向けて立ち上がる「市民」による「まちづくり」を「支援」する「ネットワーク」として，1995年1月27日に結成された．といっても，なんとか自力でつないだ電話線とファックスによって，プランナー仲間，建築関係者，大学研究者や学生などになんとか連

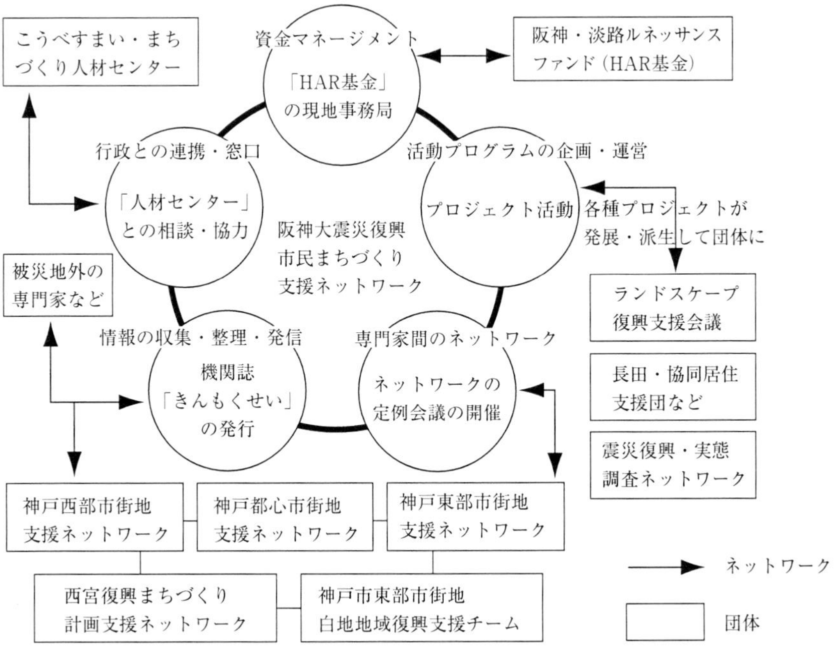

図4.4　市民まちづくり支援ネット

絡がついたということであるにすぎない．それ以後，未だに規約もないまま，メンバーの人数さえ定かではない．まさに緩やかなつながり（ネットワーク）で存続している（図 4.4）．

支援ネットがこの 10 年間してきたことは，大きくは5つの定常活動と，4つのプロジェクトであった．それらの中で，今なお直接やっていることは，支援ネット連絡会議と機関誌「きんもくせい」の発行である．

ネットワークの本質は「情報の共有」にある．そのために顔を合わせること（連絡会議）とメディアで発信すること（機関誌）は，最も基本的な対応と考えている．それはわれわれが当初から大切にしていた，現場（リアリティ）を大切にすること，細部（ディテール）にこだわること，に密接に関係している．理論原理主義に対する現場実践主義である．

速度と継続　開かれたネットワークで緩やかにつながっていることが，何を意味するのかといえば，「速度と継続」である．今となって結果としてそう思うのだが，震災復興の最重要課題は，速度（スピード）であった．一般には，原理や原則がすべてのスタートであるが，非常事態では違う．速度の概念なしに正当や必要も，法律や計画もない．阪神・淡路ルネッサンスファンド設立や，こうべすまい・まちづくり人材センター協力といった活動など，平時の常識ではとても対応できることではないだろう．

われわれの緩やかなネットワークは，個々の活動に関与せず，意思統一もない．機関決定しないから，どんな組織よりも「速度」では勝つ．しかし，当然であるがイデオロギーもないから，運動体とはならないし，蓄積にもつながらない．活動しているプロセスだけが結果である．だからやり続けること，「継続」が命である．

それは，震災復興という命題と奇妙に軌を一にする．拙速といわれる誹（そし）りを受けようが，「速度」優先が許されるのは，唯一「継続」する場合だけである．現場に終わりがないように，運動であるまちづくりにも，目標はあっても完成はない．そのため，まちづくり現場のプラットフォームとネットワークが必要とするのは，「速度と継続」なのである．

◉ 4.1.9　21 世紀市民活動社会に向けて

地域力←(場所力)→市民力　地域市民が，安全で安心なまちへ，健康で福祉的な環境へ，景観を整え魅力を高めるような改善運動を，自分たちの手でやり続けることが「まちづくり」である．

阪神淡路大震災からの復興において，そうしたまちづくり（運動）でわかったことは，「地域力」，「市民力」，「場所力」の3つの力が大規模災害からの復興に重要な役割を果たし，「打たれ強い」都市の基本であるということである．

災害からの被害を最小に抑えるのは「地域の力」である．常日ごろのまちづくり活動の積み重ねが，非常時の対応力となる．大地震や大水害でも大規模テロでも，その最中や直後の救助救援は，その地域での住民を中心とした助け合い以外に頼るものはない．すなわち「自分でできることを，自分でする」ことであり，そのときには「やっていないことは，できない」のである．

しかし，地域力には限界があり，持続性や展開性に課題がある．そのため，地域を超えて普遍的な課題を扱う NPO や NGO，ボランティアの協力支援が不可欠である．そうした「市民の力」が，地域力を支え，互いに補い合って，「市民まちづくり」を進めている．被災地での 10 年，この新たなる市民力による大きな潮流は，NPO 法（特定非営利活動促進法，1998 年）を生み，新しい公を育て，参画協働自治への原動力となっている．

行政や企業，他地域や外国からの救援支援は，そうした「地域の力」，「市民の力」へのバックアップとして，初めて効力を発揮する．「地域力」，「市民力」なき被災地への対外支援は，途方もない後方支援（ロジスティックス）なしには有効とはな

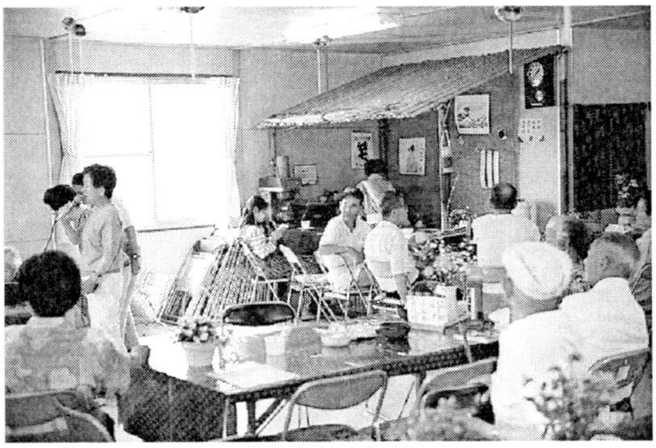

(a) 仮設住宅のふれあいセンター

(b) 大倉山コレクティブ住宅

(c) 御蔵のプラザ5

(d) 茶店きんもくせい

(e) 芦屋のだんだん畑

(f) 松本のせせらぎ

図 4.5　阪神大震災復興におけるさまざまな場所の力，プラットフォーム（小林撮影）

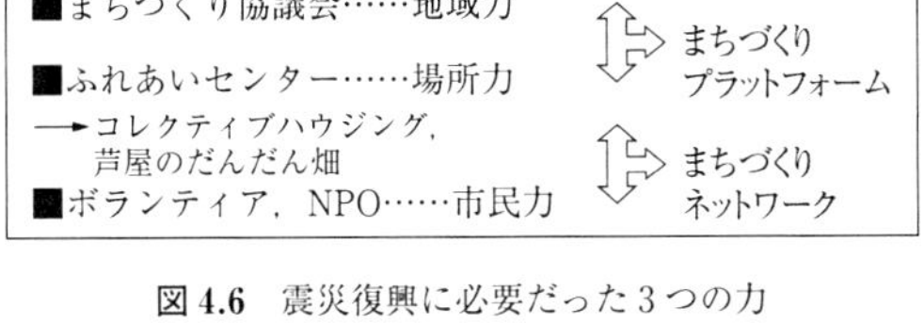

図 4.6　震災復興に必要だった3つの力

らない．

さらに，地域力と市民力が機能するためには，それらが顔を合わせ出会うことのできる，被災地などの現場での「場所の力」がカギを握っている．場所力が介在することによって，地域力は「プラットフォーム」を現場にもつことができ，市民力は「ネットワーク」を現場につくることができる．だから場所力は「現場力」といってもよいかもしれない（図4.5，4.6）．

プラットフォームとネットワーク　この10年間の震災復興まちづくりとは，結局何であったのか．

筆者の結論は，「いろいろな地域における，さまざまな市民による，まちづくりプラットフォームとまちづくりネットワーク運動」であったのではないかと思っている．

プラットフォームとは，誰もが自由にやってきて，そこから思い思いに目指す目的に向かってともに出発する場所である．まちづくりでは自由な論議，自主的な活動ができる集まり，機会，場所としての「まちづくり協議会」がその役割を担い，「自律」がその基本である．

ネットワークとは，構造的なピラミッド型ではなく，網目状に何となくつながった状態（インターネットのワールドワイドウェブが最も明確に示している）で，まちづくりにおいては，そうした緩やかなつながりがもつ情報共有が相互支援を助ける．そして「連帯」がそれらを支える原点である．

こうした「自律と連帯」を合言葉にした，まちづくりプラットフォームとまちづくりネットワークこそが，21世紀の社会像である「市民活動社会」の基本構造である．

「国際・企業」時代から，「民際・市民」世界へと，20世紀から21世紀の社会は転換していく．目標は，地域主権と情報共有を条件に，市民が主体となりコンパクトな自律生活圏（コンパクトタウン）が多重にネットワークしている自律連帯社会だろう．市民活動社会の原点であるコミュニティ（地域社会＝社区）を基礎単位として，そこで繰り広げられる環境改善への維持，運営，発展のための運動の総体が〈市民まちづくり〉である．

大震災などでは，〈まちづくりプラットフォーム〉と〈まちづくりネットワーク〉が，被災地の「現場」に確立され，被災民の「細部」に至るまで行き届くことが〈復興〉である．現場（リアリティ）に真実はあり，神々は細部（ディテール）に宿るのである． **（小林郁雄）**

文　献

1）小林郁雄（1998）：震災復興におけるまちづくり協議会（特集「住まい・まちづくりの新しい視点―震災復興の過程から―」），都市住宅学，第22号，31-34．
2）小林郁雄（1999）：震災復旧過程と復興まちづくり（震災前と震災後の被災地域のまちづくり概観），日本建築学会編『都市計画・農漁村計画』（阪神・淡路大震災調査報告［建築編］10），丸善．
3）日本都市計画学会防災・復興問題研究特別委員会編著（1999）：『安全と再生の都市づくり―阪神・淡路大震災を超えて―』，学芸出版社．
4）林　泰義編著（2000）：『市民社会とまちづくり』（新時代の都市計画2），ぎょうせい．
5）保井美樹（1999）：アメリカにおける中心市街地活性化とNPO．都市住宅学，第25号．

4.2 まちづくりの支援システム

現在（2006年6月），約26000団体の特定非営利活動法人（以下，NPO法人）が，日本全国の地域社会で社会的な活動を展開しており，その数は年間5000団体以上増加する状況にある．

NPOが法人格取得可能となったことは，既存の社会の諸組織とは異なる組織原理をもって事業推進を行う組織が法的・制度的認知を得たという点で，大きな意味をもっている．事業性と運動性の両側面を併せ持つNPOが増加することを通じ，市民やボランティア活動による公共サービスの提供や，NPOを核としたアドボカシー活動や参加型民主主義が進展することが期待されている．自立した市民セクターが，地域社会のガバナンスの担い手として注目されつつあるといえよう．

本節では，NPO法人パブリックリソースセンターが2003～2004年に行った「協働型支援基盤に関する調査」をもとに，NPOのマネージメント支援ニーズや，アメリカにおけるマネージメント支援の仕組みを概観するとともに，日本国内でみられる最近の事例を紹介し，今後のまちづくりの支援システムとして，「協働型支援基盤」を提案したい．

◉4.2.1　NPOをめぐる状況

a.　NPOの概要

経済産業研究所の「全NPO法人の財務状況等のデータに関する集計分析結果」によれば，2005年におけるNPO法人全体の事業規模は総額383億円で，予算規模の平均は2011万円となった．しかし，NPO法人のうち1000万円を超える予算規模をもつ団体は38%，3000万円を超える団体は16%にとどまっている．NPO法人では，介護系団体と国際協力団体を中心に大規模な組織が成長しつつあるものの，全体の事業規模は小さいといえる（表4.1）．

財源の種類についてみると，会費，個人寄付，民間財団などからの助成金，民間企業からの助成金・寄付金，行政からの補助金・委託金，事業収入のうち最大の収入源は「事業収入」で，全体の64.3%を占める．一方，外部資金の状況をみると，「補助金・助成金等」（同9.5%），「寄付金・協賛金等」（7.7%），「会費・入会金等」（5.6%）と，大きいとはいえない（表4.2）．

また，組織の運営を担う事務局の状況をみると，任意団体の市民活動団体と異なり有給職員がいる組織が大勢を占めるものの，その賃金は平均で年間130万円と非常に低く，生活を保障するには不十分な状況にある．

このような状況の中で，NPOの間で組織運営上能力の向上を必要とする局面は多くなっている．

①NPO法人化を契機として，フォーマルな組織運営の必要性に迫られる：　法人化の認証申請に当たっては，定款などの組織運営の基本的なルールの策定，理事会の結成，事業計画や予算書の策定などを求められる．また，法人化後は，決算報告書や事業報告書の作成や，税務申告などの書類作成が必要となる．任意団体のときには皆同じ立場でかかわってきた人たちが，理事，事務局，会員と立場が分かれる中で，それぞれの役割と責任を明確にしつつ，楽しく継続的に参加できるようにするにはどうしたらよいのか，悩む団体は多いだろう．また，経理や財務の処理をより透明なものにして，外部に対してアカウンタビリティ（説明責任）を果たすために，これまでの事務処理方法の見直しを行う必要に迫られる場合もみられる．

②継続的事業＝社会的な事業の開始に伴い，事業体制を構築する：　初期には「できるときに」，「できることから」始めていた「活動」が，継続的な「事業」に変容していく過程では，かかわる人の人数も増え，助成金や補助金のような外部の支援的資金が投入されることも多くなる．また，指定管理者制度の導入をはじめとして，地方自治体からNPOへの業務委託や協働事業の実施は増加している．これに伴い，ある事業を実施するかしないかというときの経営分析や組織としての合意形成，事業実施の進捗管理，人事，資金繰り，事業に伴って派生するリスク対策など，NPOにおいても，企業などの営利組織と同様に組織運営のノウハウが必要とされる局面が増える．

③有給職員の雇用に伴い，福利厚生，労務管理，人材育成などの知識が求められる：　事業の継続

表4.1　NPO法人の財政規模（2005年）

規模	100万円未満	100万～500万円未満	500万～1000万円未満	1000万～3000万円未満	3000万～5000万円未満	5000万～1億円未満	1億円以上	計
団体数	358	456	253	365	107	97	77	1713
割合（%）	21	27	15	21	6	6	4	100

経済産業研究所「全NPO法人の財務状況等のデータに関する集計分析結果」により作成．

表4.2　NPO法人の財源構造（2005年）

収入源	会費・入会金等	事業収入	補助金・助成金等	寄付金・協賛金等	その他	前期繰越収支差額
割合（%）	5.6	64.3	9.5	7.7	2.4	10.5

経済産業研究所「全NPO法人の財務状況等のデータに関する集計分析結果」により作成．

的実施は，雇用の発生を伴う．また，NPO の給与水準はきわめて劣悪だが，やりがいのある仕事を求めて就職を希望する人たちは増加している．満足できる労働環境をつくり，優秀な人材を確保できるようにならなければ，組織として質の高い仕事はできないという問題意識が，NPO の中で高まっている．

④融資，寄付を契機に，社会に対する説明責任が重くなる：　最近の変化としてあげられるのは，NPO をめぐる資金基盤整備の進展である．NPO を対象とする融資制度が整ってきている．また千葉県市川市の 1%条例などのように，市民が納付する住民税の 1%を NPO に対する使途として指定できる制度も登場した．非常に不十分ではあるが，NPO に対する寄付制度も改善されつつある．資金調達の機会が増えるについて，NPO 側から社会に対する説明責任は重くなってきている．適格な経理処理，財務判断，コンプライアンス（法令遵守），情報開示が欠かせなくなってきた．また，NPO の活動の理由や必要性について「もともと，わかってくれそうな人」とコミュニケーションをとるのではなく，「普通の人にアピールする」コミュニケーション戦略が必要になってきた．

⑤ミッションの見直し，中期計画の策定：　活動をある程度継続している団体の中では，組織の方向性の見直しをする時期に来ているものもある．福祉政策や環境問題など NPO が活動する分野における社会環境は大きく変化している．活動開始から 5 年，10 年，15 年といった区切りで，社会問題の変化，行政や企業との関係の変化など外部環境変化を把握し，組織の現状を改めて見直して今後の目標設定を行う，中期計画の策定の必要性に迫られている組織も増加している．また，中期見直し以外の局面では，行政からの委託事業の受託をきっかけに組織の見直しを図る組織もある．

b.　NPO におけるマネージメントコンサルテーションのニーズ

NPO に対するアンケート調査　　日本の NPO におけるマネージメント支援の実態について，全体の傾向や概況を把握するために，NPO への調査を行った．具体的な内容と調査方法は，以下のとおりである．

市民社会に根づいた活動を行っている，任意に抽出した諸団体と，日本 NPO 学会および日本 NPO センターのメーリングリストを通じてアンケート調査を行った．各団体において，マネージメントを 16 の分野に分け，①現状で問題・課題ととらえている分野，②外部支援（コンサルテーション）を必要と感じている分野，③すでに外部支援（コンサルテーション）を求めたことがある分野が，それぞれどのようなものであるのかについて，電子メールによる調査を行った．65 団体に送付し，19 団体より回答を得た．

メールアンケート調査によれば，組織運営上の問題／課題と考えている分野は，「資源の開拓，資金調達・資金運営」，「会計・財務について（予算立案・経理・簿記処理など）」，「戦略計画，中期計画づくり・組織見直し」，「会員，運営協力者の拡大」，「事業企画のための，事業ニーズ評価・マーケティング」が多かった．

「コンサルテーションの必要性を感じている」との回答があった分野は，組織運営の課題と考えられている分野とほぼ同様であった．しかし，専門家に対するコンサルテーションの依頼を実施したことがある組織は少なく，また内容も，「資源の開拓，資金調達・資金運営」や「会員，運営協力者の拡大」について支援を受けたことのある事例はなかった（図 4.7）．

自治体および地域 NPO センターにおける支援プログラムの現状　　全国 6 か所の地域 NPO 支援センターで，2003 年度に実施されたマネージメント支援事業を，表 4.3 のとおり分野別に整理した．

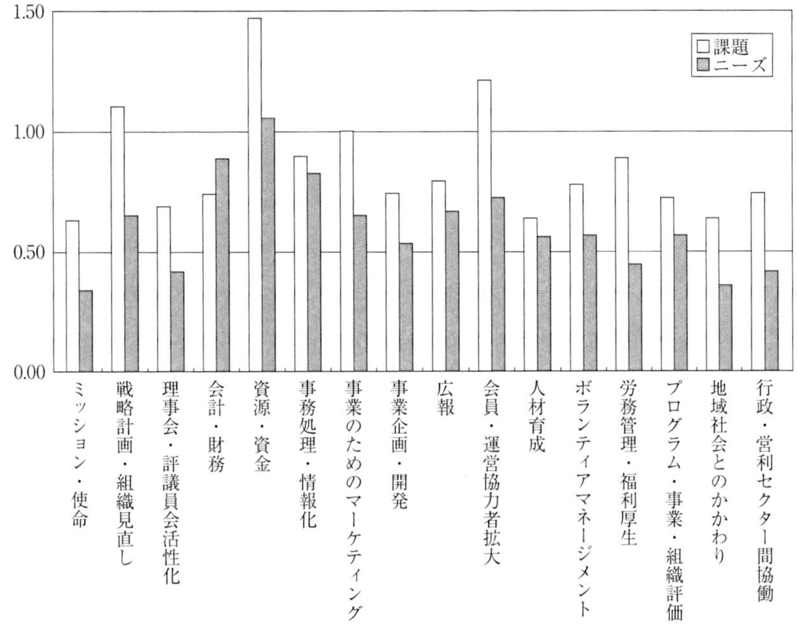

図 4.7 分野別の課題意識とコンサルテーションニーズの度合い
課題・ニーズがそれぞれ，あると強く感じている＝2，ある程度感じている＝1，あまり感じていない・無回答＝0として，平均を出したもの．

表 4.3 地域 NPO センターにおける支援プログラムの現状

分野	プログラム数	分野	プログラム数
ミッション・使命	0	ボランティアマネージメント	2
戦略計画・組織見直し	0	労務管理・福利厚生	1
理事会・評議員会活性化	0	プログラム・事業・組織評価	0
会計・財務	4	地域社会とのかかわり	0
資源・資金	4	行政・営利セクター間協働	3
事務処理・情報化	0		
事業のためのマーケティング	1	(以下は NPO ニーズ調査でのカテゴリー外のもの)	
事業企画・開発	2	総合相談	1
広報	6	NPO 設立支援	6
会員・運営協力者拡大	0	非営利セクター間協働	3
人材育成	8	アドボカシー	1

これをみると，人材育成，NPO 法人設立，広報，会計・財務，資源・資金の分野での支援プログラムの実施が目立つ．人材育成については，NPO マネージメント全般を学ぶような基礎的講座，NPO 常勤スタッフ同士の交流の場づくり，ファシリテーター入門といったさまざまな研修プログラムが含まれている．

しかし，戦略計画・組織見直し，事業開発のためのマーケティングや事業企画・開発といった面での支援は，2003 年度時点ではほとんど行われていなかった．NPO 特有のミッション・使命の明確化に関する支援も行われていなかった．

研修手法としては通常の講座型がほとんどであるが，新手法として，事務局長養成に焦点を当てた通信型の研修プログラムがみられた．

自治体の実施する支援プログラムについてみると，専門家の派遣事業が開始されている．たとえば，静岡県の「NPO マネジメントアドバイザー事業」，長野県の「NPO マネジメント支援事業」のように，NPO の運営に不可欠なマネージメント手法について専門の知識を有する人材がアドバイスすることにより，NPO 活動の発展を側面から支援することを目的とした事業が行われている.

また，行政が資金を提供し，NPO センターなどの中間支援組織を実施機関として，専門家をアドバイザーとして派遣する支援プログラムが，すでに実施され始めている．専門家の人材としては，主に公認会計士，税理士，社会保険労務士，中小企業診断士，弁護士，司法書士，行政書士が想定されていた．これに加えて，NPO の実務経験者，企業OB などを想定する事例もあった．また,（財）東京都高齢者研究・福祉振興財団NPO 人材開発機構の「ナレッジバンク」事業のように，人事，労務，会計，税務などを企業で経験してきた退職者に注目して，人材プールを構築しようとするものもあった.

専門家による支援の分野は，「運営管理」，「会計・税務」，「法務」，「社会保険」，「事業開発」が主だった.「ミッションの見直し」,「資金調達」,「会員拡大」，「戦略計画の立案や組織の見直し」などの NPO の運営の根幹にかかわる分野での支援はみられなかった.

◉ 4.2.2　キャパシティビルディングとは

アメリカ合衆国では，前項であげたような NPO における経営上の課題に対応するために，「キャパシティビルディング」というアプローチが注目を集めている．キャパシティビルディングとは，「組織の実績と効果を高めるために，組織強化するプロセス」と定義されている．アメリカの非営利セクターでは，個別のマネージメント能力の強化だけでは，組織力の強化に十分ではないとする認識が広まっており，リーダーシップ力や計画立案力が，マネージメント力を確保するための基盤として必要であるという視点を重視したアプローチが注目されている.

表 4.4　キャパシティビルディングの構成要素

構成要素	定義	ミッション
リーダーシップ力	あらゆる機関のリーダーのもつべき，発想，優先順位づけ，意思決定，方向づけ，革新の能力．すべて，その機関のミッションを果たすための活動である.	・意思決定機関／ガバナンス ・リーダーシップの開発 ・経営幹部の入れ替え ・戦略立案（優先順位づけと意思決定）
適応力	NPO における，内部および外部環境変化に対する監視，評価，反応，創造の能力.	・クライアントのニーズ評価 ・プログラム評価 ・機関評価 ・協働 ・ネットワークづくり ・戦略的同盟／リストラクチャリング ・戦略立案（全クライアント，機関情報，プログラム情報のレビュー）
マネージメント力	NPO における，各種リソース（資源）の効果的・効率的な利用をする能力.	・人材マネージメント／人材開発 ・財政マネージメント ・ナレッジマネージメント ・設備マネージメント
技術力	NPO における，各機関とプログラムの主要な機能を実行するための能力.	・プログラム／サービスの遂行 ・資金調達 ・マーケティング ・技術 ・会計 ・リサーチ（データ収集と分析） ・コミュニケーション ・パブリックリレーションズ ・現状以上のサービス（支援）

Grantmakers for Effective Organizations "Evaluative Learning：A Funder's Guide to Evaluation as a Capacity Building Tool" により作成.

アメリカの非営利コンサルタントであるTCCグループは，最近の調査から，NPOがミッションを果たす上で必要な4つの組織能力を提唱している．つまり，リーダーシップ力，適応力，マネージメント力，技術力である（表4.4）．

①リーダーシップ力： あらゆる機関のリーダーのもつべき能力で，発想し，優先順位づけを行い，意思決定し，方向を決めて革新を行う能力をいう．効果的なリーダーシップ力は，ミッションを達成するために組織がとるべき次のステップをみて，明確な目標や目的を設定し，行動を実行するための指示を出すものである．

②適応力： NPOが抱える内外の環境変化を観察・評価し，対応する能力．内的変化とは，たとえばスタッフや理事の交代，プログラムの質の変化，組織風土の変化などである．外的変化とは，公共政策の変更，財源の変化や減少，コミュニティの抱える課題の性質やスケールの変化などである．つまり，自分自身では直接コントロールできない変化に対して，対応し，より自立性を高める能力である．

③マネージメント力： NPOが組織のもつリソース（資源）について，効果的・効率的に活用する能力．リーダーシップと区分して考えられている．リーダーシップは，未来を見渡し，優先順位をつけ，目標と目的を設定し，リソースの配分についての決定を行うものだが，マネージメント力は，特にすべてのリソースが最も効率的・効果的に使われ，目標や目的を達成するように行程管理することである．1つの組織内の誰もが，それぞれの立場でリーダーシップやマネージメントの役割をとることができる．

④技術力： NPOが組織運営上あるいはプログラム実施上の機能を発揮する能力．組織の技術力は，組織のスタッフの知識，技術，経験によって左右される．

つまり，キャパシティビルディングという視点は，NPOの経営能力の向上には，リーダーシップ，適応力，マネージメント力，技術力のそれぞれに着目することが必要であり，特に前2者が必要であるとするアプローチである．

この点を前項の日本のNPOに対する支援の状況に照らしてみると，日本においては，支援の内容が，技術力の養成に集中しており，これに若干のマネージメント力支援が行われている状況であることがわかる．日本においてもNPOの組織運営上の課題として，「資源の開拓，資金調達・資金運営」，「戦略計画，中期計画づくり・組織見直し」，「事業企画のための，事業ニーズ評価・マーケティング」などがあげられているにもかかわらず，これらの課題に応えるような支援事業は現状では少ない．組織の進むべき方向性を指し示すリーダーシップ力や，社会や地域の要請やニーズに敏感に対応する適応力の養成は，今後対応の必要な支援ニーズといえよう．

◉ 4.2.3 アメリカ合衆国における草の根団体に対する支援の概況

現在，アメリカには100万を超えるNPO法人が存在し，国内総生産の8%が非営利セクターによって占められている．しかしながらアメリカにおいても，NPO法人の4割以上は財政規模が10万ドル以下の小規模の市民団体で占められている．これらの団体は日本のNPOと同様に，ミッションの遂行や効率的な組織運営という面で課題を負っている．NPOのキャパシティビルディングは，アメリカの非営利セクターにおいても重要であり，下記のようにさまざまな蓄積が試みられてきた．

①キャパシティビルディングの概論やガイドブックの作成： 組織の発展段階に沿った各種のガイドブックや，キャパシティビルディングのための資金情報の提供などが含まれる．

②調査研究： 「よい組織とは何か」という要素分析，組織的安定や財源の多様化と活動の質との間の相関分析，テクニカルアシスタンスに関す

る効果測定手法の開発などの調査研究が進んでいる．

③事例研究：　実際のテクニカルアシスタンス事例のケース分析に基づいて，手法の紹介，成功の条件の抽出などがなされている．

④雑誌などでの情報提供：　Chronicle of Philanthropy, Urban Institute, Philanthropic Fundraising など，マネージメント関連の研究所，雑誌などが，キャパシティビルディングの特集を組むことが増えている．

⑤インターネット上での情報提供：　インターネット上で，NPO に対して，マネージメント組織やコンサルタントの紹介，マッチングを行うもので，Alliance for Nonprofit Management, Center for Excellence in Nonprofits, Compass Point Nonprofit Services, Grantmakers for Effective Organizations などが代表的である．

⑥資金提供サイドのキャパシティビルディングの戦略構築：　助成財団が，NPO のキャパシティビルディングに資金を提供する場合もある（図 4.8）．つまり，これまで事業助成を通じ支援してきた NPO が課題を抱えており，組織力の強化を必要としていると明白になった場合に，財団はコンサルテーションに対する費用補助を行う場合がある．その場合の資金支援は，一般的な組織運営能力強化というよりも，特定の事業や領域における NPO の活動のインパクトを強めることが明瞭に意識されていることが多い．

⑦キャパシティビルディングの方法：　組織変革を行おうとする NPO の側からみて，キャパシティビルディングは，次の 3 つの段階（方法）に大別することができる．

第 1 段階：　会議，フォーラムなどに出席して理論やノウハウを学んだり，他の NPO と経験や

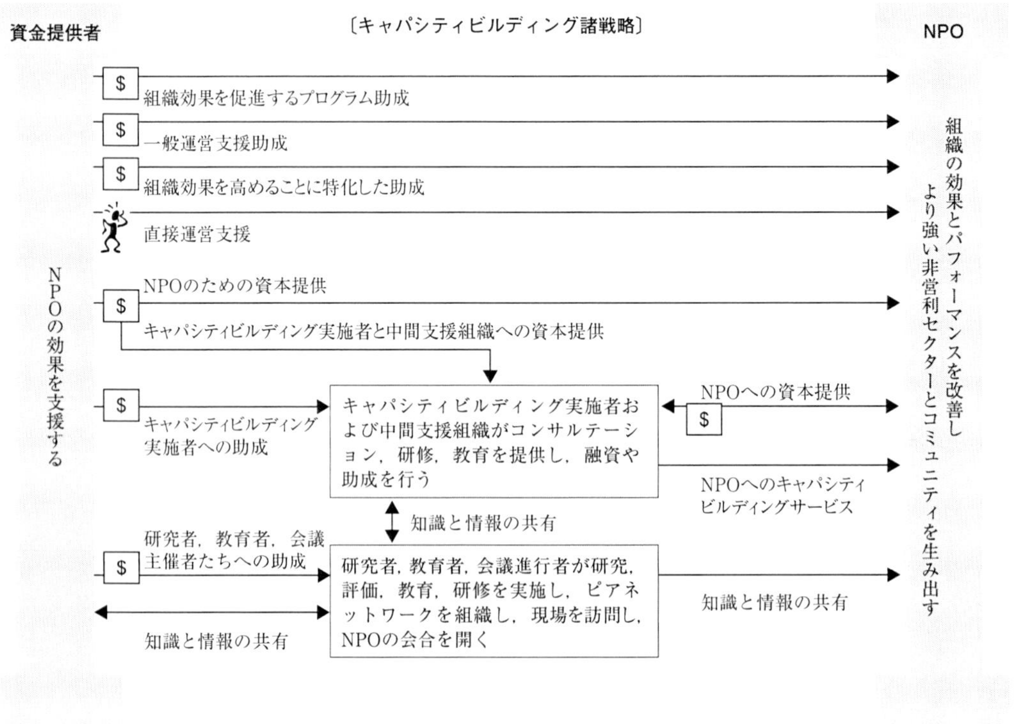

図 4.8　アメリカにおける助成財団によるキャパシティビルディング支援の方法
Grantmakers for Effective Organizations "Evaluative Learning : A Funder's Guide to Evaluation as a Capacity Building Tool" により作成．

情報を共有し合う機会をもつこと．

第2段階：　コンサルタントをNPOの内部に入れ，問題の明確化や改革の方針を立てることに取り組むこと．

第3段階：　明確になった問題の各分野の専門家のコンサルタントをNPOの内部に呼び入れ，組織内で学び，具体的改善に結びつけていくこと．

第1段階と第2段階の中間的な取り組みとして，事務局長に対してトレーニングやアドバイスを行うという方式で，組織改善を図る方式もみられる．また最近では，第1段階における手法として，ピアラーニング（類似の立場にあるものが経験を共有して互いに学び合うこと）の有効性が注目を集めている．

◉4.2.4　アメリカ合衆国におけるキャパシティビルディングの事例

環境系団体の中間支援組織であるESC（Environmental Support Center）では，環境系の草の根団体を対象に，キャパシティビルディングの6つのプログラムを展開している（表4.5）．

ここでは，このうちの代表的な事例として，LEAP（リープ）について，紹介する．

LEAPの開発経緯　ESCでは，1995年から8年間，新たなプログラム開発に取り組んできた．まず，過去のキャパシティビルディングのプログラムに参加していたNPOに，コンサルタントを訪問させ，主に事務局長や理事からヒアリングを行い，キャパシティビルディングに関するニーズ調査やプログラムに対する意見聴取を行った．これにより，キャパシティビルディングのワークショップに参加したにもかかわらず，その成果を活かすための組織的な体制ができていない，参加したスタッフが転勤してしまったなど，さまざまな事情によって，成果（改善）の実現が難しかったなどの実態が明らかになってきた．

これらの評価結果に基づき，ESCはマネージメント支援専門組織であるICL（Institute Conservation Leadership）の助力を得て，キャパシティビルディングプログラムを改訂し，2004年にパイロットプログラムとしてスタートさせた．初年度（2004年度）に，6つのNPOをプログラムに受け入れている．これが，LEAP（Leadership and Enhanced Assistance Program：リーダーシップおよび高度開発プログラム）である．改訂によって，「コンサルティングのプロ（コンサルタント）によるエキスパートシステム（専門プログラム）」から，「参加型エバリュエーション（評価）によるプログラム」へ進化した．参加型にしたのは，NPOが自ら何が必要なのかを検証し，互いに知見を共有していくというメリットを重視したからである．

LEAPの特色

①構造：　LEAPは，受講者（または所属団体）に「変化を生み出すためのプログラム」である．「変化」のためのサイクルは，次のようにモデル化できる（図4.9）．こうした変化のサイクルを前提に，必要な「助力」を組み込んだプログラムがLEAPである．

LEAPは，2年間にわたるプロセスからなっている．基本的には，導入の際の「オリエンテーション・ワークショップ」，中間での「トレーニング・ワークショップ」の活用，終了の際の「グラジュエーション（卒業）・ワークショップ」，それにワークショップの間の時期に行われる「コンサルタント」の活用，という構成をもっている（図4.10）．

「オリエンテーション・ワークショップ」では，次の3点について教育する．

・組織開発とは何か．

・コンサルタントの雇い方と使い方．

・自分たちの組織に必要なキャパシティビルディングのニーズを発見してもらうための組織診断の方法．

「グラジュエーション・ワークショップ」では，2年間のプログラムによって，何が変わったか，何が進化したかなどのインパクトを，「評価」す

表 4.5　ESC のキャパシティビルディングのプログラム

プログラム名	内容
研修・組織支援プログラム (Training and Organizational Assistance Program)	戦略計画立案や財源の多様化，理事会活性化，リーダーシップ開発，メディア活用能力，コミュニティにおける組織化能力などに関して，研修への参加費の助成などの方式で，短期的な支援の資金を提供し，適切な機会や方式をアドバイスする支援事業．
リーダーシップおよび高度支援プログラム (Leadership and Enhanced Assistance Program：LEAP)	「研修・団体支援プログラム」の経験から生まれたプログラムで，より少数の団体を対象に，集中的で長期の支援を提供する，長期コンサルテーションプログラム．
テクノロジー・リソース・プログラム (Technology Resource Program)	コンピュータネットワーキングと，コンピュータやプリンタ，ソフトウェア，ファックス機やモデムなどの寄付機材と研修サービスを提供するプログラム．
職域募金プログラム (Workplace Solicitation Program)	環境運動のための資金を職域募金から集める「環境連合」(募金組織）の設立支援プログラム．設立支援助成金とテクニカルアシスタンスを提供している．
州環境リーダーシップ・プログラム (State Environmental Leadership Program)	草の根アドボカシーグループの活性化を目的に，州レベルおよび全米レベルの環境団体間の環境問題に関する情報や戦略の共有，協働の促進を支援するための研修事業．
環境融資ファンド (Environmental Loan Fund)	草の根環境グループの資金基盤を拡張するための融資事業．

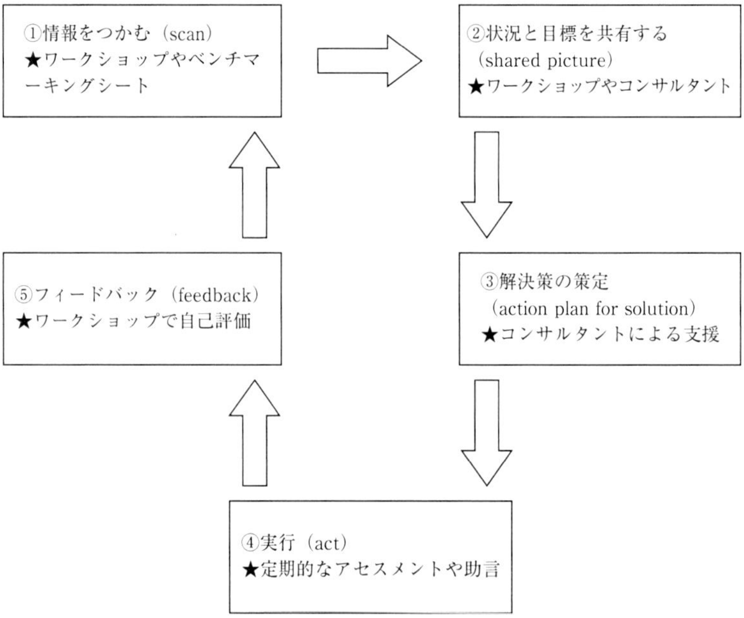

図 4.9　LEAP による「変化」のためのサイクルモデル
★は「助力」のためのプログラム．

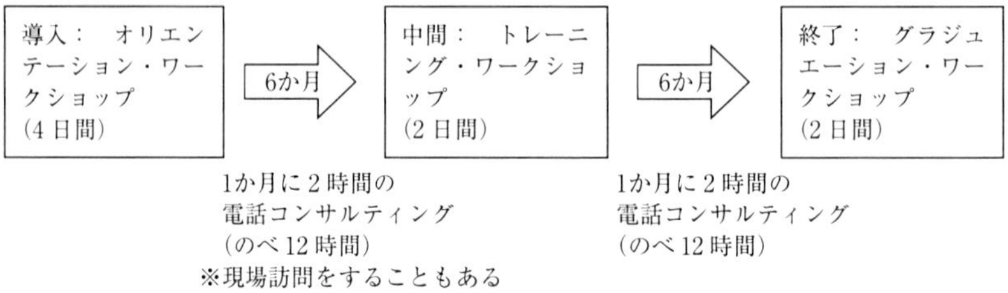

図 4.10　LEAP の構造

ることになる．

中間では，「コンサルタント」によって，月に2時間の電話によるコンサルティングがなされる．電話を手段として使っているのは，参加団体が全米の広範な地域に所在しているためで，可能なケースでは現場訪問がなされる．プログラム全体として，コンサルティングと「トレーニング・ワークショップ」のコンビネーションによって，より効果を高めようとしている．

②チームでの参加の義務づけ：　ワークショップには，各NPOから，3人参加してもらうことにしている．1人は事務局長，あと2人は理事である．理事は，経験の長い理事と，比較的最近就任した理事の組み合わせである．これを，「LEAPチーム」と呼んでおり，複数メンバーによるワークショップ参加を義務づけていることが，このプログラムの特徴となっている．LEAPチームの3人は，中核スタッフ（事務局長）と，新旧の理事で構成するように設定されており，プログラム終了後には，各NPOの組織内において，プログラムの成果を実行するチームとなるのである．プログラム改訂の大きなポイントとして，チームでの参加が，キャパシティビルディングが実効性をあげる上では大切な条件であると考えられた．

③ピアラーニング：　参加者は，ただ知識や情報，技術が必要なのではない．参加者は，日々現場でハードワークをしているのであって，彼らに必要なのは，支援し，気遣ってくれる人々であり，仲間である．プログラムの中で，参加者は，「学び合いのパートナー」といえる．参加者は，他の団体の話を聞き，自らの団体を一歩下がったところから客観視することができるようになる．これによって初めて，正しい可能性を把握したり，特色あるプランを策定する能力を得ていく．プログラムの中で，参加者はピアラーニング（経験や情報の共有，学び合い）や互いに力づけ合う経験を通して，高揚し，エネルギーを得ることになる．参加者は互いに価値観を共有し，協働して互いの成功を導き出すパートナーになっていくのである．

④プログラムへの参加費用と参加団体の選定方法：　プログラムへの参加費用は，1団体あたり1000〜2000ドルである．団体の規模が大きくなると，参加費の負担額が大きくなる仕組みである．

プログラムの成否は，適切な参加者の選択にかかっているといってもいい．第1に，団体の成熟度を勘案し，ある程度，成熟度が「混在」するように配慮して選ぶ．第2に，地域バランスを勘案する．これには，参加団体に助成金を支給してくれる財団の所在や，地域別の活動上の問題の傾向なども勘案する．第3に，団体の「プログラム参加の準備度（readiness）」を勘案する．団体や参加者がトレーニングを受ける体制を組むことができるか，トレーニングを受けるに適切な経験の度合いかなどを判断する．参加者を適切に選抜するためには，適切な「申込書」をつくる必要がある．

⑤中間支援組織の課題―質のよいコンサルタントの確保―：　複数の関係者が，質のよいコンサルタントは経験から生まれることを指摘していた．またその際，経験とは，マネージメントの経験であると同時に，NPOにかかわったことやNPOを運営したことのある経験であることが指摘されていた．

NPOとコンサルタントのマッチングのためには，質のよいコンサルタントの確保とデータベース化が重要なカギを握る．ESCではクライアントのNPOによる評価情報を軸に，質の高いコンサルタントを多分野からリクルートし，登録することを試みていた．

⑤中間支援組織と財団との協働：　アメリカにおいても，小規模の草の根団体には，自らコンサルテーションの費用を支払えるところは少ない．コンサルタントを抱えるマネージメント支援組織や，ESCのような中間支援組織が，財団助成金や政府補助金を獲得して，コンサルテーション費用の負担能力のない団体に対しても，支援サービスを提供する方式がみられる．

ESC は，環境分野における草の根アドボカシー団体の育成を目指す助成財団（ロックフェラー・ファミリー・ファンド，ベルダン財団）によって組織された中間支援組織である．規模の大きな財団にとって，草の根団体の組織能力の強化に直接携わることは，財団にとってもNPOにとっても効率が悪い．ESC は，財団とNPOの間に位置して，より活動団体に近い立場でコンサルテーションを行う中間支援組織として設立された．ESCの独自性と先駆性は，財団から資金調達をして資金プールをもち，NPOに対してキャパシティビルディング用の小規模助成金を提供すると同時に，実際のコンサルテーションに当たるコンサルタントとNPOのマッチングを行ってきたことにある．

◉ 4.2.5 日本における先駆的事例

a. 公益信託「世田谷まちづくりファンド」における次世代ファンドに向けた検討

世田谷まちづくりファンドの特徴　東京都世田谷区の「世田谷まちづくりファンド」は，世田谷区の住みよい環境づくりを目指した区民主体の活動を支援する基金として，原資は（財）世田谷区都市整備公社（当時）が3000万円を出捐（しゅつえん）し，基金を設定した．区民や企業に対しても寄付を呼び掛ける募金型公益信託という方式をとっている．公益信託は，基金の運用益から信託報酬や運営委員会開催費を差し引いた額が助成の対象になる．募金型の公益信託同ファンドは，設定以来13年間にわたり，のべ318件（毎年平均24件），165グループに対して助成を行った．しかし最近では，低金利の影響と寄付金の減少により，1億4000万円近くの基金からは十分な運用を生み出せず，総額500万円（年間）の助成を継続するためには，助成支出額相当分を都市整備公社予算から支出し，公社に区がほぼ同額の事業補助することが必要な状況にあった．

一方，同ファンドは，助成金という資金的支援によって区民のまちづくり活動を応援することだけでなく，公開審査から発表会までファンドの一連の流れを開示するなど区民参加型の運営方式においても，公益信託を活用したまちづくりファンドとして，全国の先頭を走ってきた．つまり，公開審査により助成決定を行い，選考プロセスの透明性と中立性を確保する方式を編み出した．また，年2回の活動発表会を通して，活動グループ相互の情報交換や学習，ネットワーク形成の機会を設け，まちづくり団体が相互に「学び合い，育ち合う場」を提供してきた．発表会の企画や運営などは，区民サポーターによって，支えられてきた．

資金的支援から技術的支援へ　同ファンドは，区民による自主的なまちづくり活動の芽を継続的な活動に育てる仕組みとして成功してきた．しかしながら，設定以来10年以上が過ぎる中で，寄付金の減少や，区民によるファンド運営の担い手不足などの課題が生じている．ファンドを取り巻く社会環境も，NPO法制定以降，同ファンドのほかにも各種の助成制度が整備されるなど，変化がみられる．

このような環境変化に対応して，運営委員会は，時代に適したファンドのあり方を再考するためのプロジェクトを，2005年度から開始した．検討の過程では，過去の資料の整理や，助成対象となった団体へのヒアリングなどを実施して，これまでのファンドが積み上げてきた成果や課題を明確にした．そのうちの一つが，「専門的技術支援のあり方」に関する検討であった．

「専門的技術支援のあり方」は，主として人材や情報，ノウハウに関連するものである．区民ヒアリングでは，まちづくり活動の上で直面する課題について，助成という資金的な支援だけでなく，組織運営やまちづくりの専門知識に関する技術的な支援が必要であるという意見が寄せられた．一方で，同ファンドの運営委員の専門能力や，13年間にわたるファンドの運営によって各団体に蓄積したさまざまなノウハウや経験，ネットワーク，人材などの資源を，技術的な相談に当てられないかとの意見も出されている．

つまり，今後のファンドの新たな支援機能として，非資金的な支援（技術的支援）を併用することが，助成制度の効果を高めるとして，必要性が提起されたのである．世田谷での区民ヒアリングにみられる興味深い指摘は，技術支援に関し，いわゆる専門家によるコンサルティングや，いわゆる人材バンクの活用だけでなく，むしろかつて助成を受けた「ファンド卒業生」の団体に蓄積された知見，地域で活動する人材の活用に期待が寄せられた点である．まちづくり団体相互の間の交流，協働によって，課題の共有や先駆的な取り組みに関する知見の交換がなされて，ブレイクスルーにつながることが期待されている．

b.　NPO バンク：東京コミュニティパワーバンク

「画一的な行政サービスや営利目的のサービスだけでない，市民が作りだすサービス（事業）がもっとまちの中にあったら，私達の生活は，そしてまちはもっと豊かでいきいきとしたものになるはずです」として，生活クラブ生活協同組合とその関連グループが中心となって，2003 年 9 月に設立されたのが，「NPO 法人 コミュニティファンド・まち未来」と，「東京コミュニティパワーバンク」という 2 つの市民団体である．前者は，人材，情報，教育など，市民活動に必要なソフト面を支援するための NPO 法人であり，後者は，資金を出し合って会員同士で融資を行っていく市民団体（出資組合）である．

東京コミュニティパワーバンクの特徴　東京コミュニティパワーバンクは，市民自らが出資金を，応援したい NPO に融資するという，地域内資金循環のための民間発「市民銀行」として 2003 年 9 月に設立し，2004 年 8 月から融資を開始している．

その目的は，次の 2 点である．

①一般の金融機関からは融資が受けがたい，しかし社会には必要な NPO などの社会的事業に市民のお金を融資することで，地域での生活を豊かにすること．

②一般の金融機関に預金している自分たちの貯金が，どのように循環しているのかわからない今の社会の中で，自分のお金の行き先をわかるようにすること．

「出資する人と融資を受ける人の双方が，まちのつくり手として地域社会に貢献できる，新しいお金の流れをつくること」を目指しているのである．

東京コミュニティパワーバンクは，市民や団体が出資をして会員となり，同時に融資を受けることができる，東京都内限定の会員制融資の仕組みである．出資が可能なのは，①法人その他の団体と，② 18 歳以上の個人であり，個人は 1 口 5 万円から，団体は 3 口 15 万円から出資できる．資金使途は，「地域を豊かにする市民事業等への融資財源」とされている．融資の対象は，公共性があり社会的に有用な事業であり，1 件あたり出資金の 10 倍まで，1000 万円を上限に融資を行っている．

コミュニティファンド・まち未来の役割　コミュニティファンド・まち未来は，融資実施に伴うさまざまな支援を行っている．つまり，東京コミュニティパワーバンクの融資窓口を代行し，融資申し込みの相談に応じ，融資に先立ち必要となる経理処理や財務判断について助言を行っている．また，返済原資が確保できる事業計画の立案をサポートすることも行っている．さらには，コミュニティビジネスの起業を考える市民を対象に，アイディアを実際の事業計画に落とし込むための企画力の養成や，経営，経理，教育，法律，税務などの知識や，ネットワークづくりの手法などについて学ぶ講座を企画，実施している．つまり，融資の場においては，円滑な返済のために，事業力の強化や経営の効率化のサポートが必須となっている．アメリカの事例にみられるような組織力強化の試みが，日本ではNPOバンクにおいて萌芽をみることができるといえるだろう．ただし，NPOバンクでは，コンサルティングを担当する人材の人件費やコンサルティング費用を確保することは，まだできていない．公認会計士や営理のコンサルタント，NPOマネージャーなどが有償ボランティアでかかわっている段階である．コンサルティング技能を向上させることと，費用の確保が今後の課題であろう．

◉ 4.2.6　協働型支援基盤の提案

a.　キャパシティビルディングのシステムづくりの課題

事業を懸命に実施するだけではなく，社会的に意義のある活動を，限りある組織の資源を最大限に活用しながら，いかに効果的かつ効率的に進めるかという組織能力そのものが問われている．ミッションの効果的遂行を支援するキャパシティビルディングのシステムは，今後の市民社会の重要なインフラとなるだろう．

キャパシティビルディング支援の実施に向けて，現時点で想定される課題を，以下のように整理しておく．

①専門技術：　欧米流のマネージメント技術，コンサルテーション技術が応用される傾向が強いため，言葉遣い，「横文字」の用語，あるいは考え方などが日本のNPOに合わないという問題が生じやすい．このため，日本の文化や組織風土に適応した技術の開発が必要となってくる．

②専門的人材：　日本のNPOの状況を理解しコンサルテーションのできる人材を養成，あるいは企業や研究機関などからの人材移動を促進することが求められる．

③多様なコンサルテーションスタイル：　NPOの抱える課題とキャパシティに応じた，さまざまなパターンのコンサルテーションのスタイルが用意されていく必要がある．

④キャパシティビルディングのための資金：　草の根レベルのNPOでは，スタッフがキャパシティビルディングに取り組むための時間と人件費を確保することが，最初の課題である．また，コンサルタントを依頼する費用を負担することも現状では大変困難である．

⑤協働のシステムとプラットフォーム：　キャパシティビルディングにかかわる多様な関係者の「協働関係」を構築する必要がある．

b.　「協働型支援基盤」の提案

NPOのキャパシティビルディングを促進する上で，次のような「協働型支援基盤」が必要だと考える．

支援を必要としている草の根NPO，技術的支援を提供する専門的技術支援組織，資金的支援を提供する資金提供組織および協働のコーディネートを行う組織（たとえば，地域のNPO支援センター，資金提供組織など）の参画による「協働型支援基盤」のプラットフォームを形成する．プラットフォームは，①草の根NPOが資金提供組織に対して助成相談に行き，そこで資金提供組織が技術支援組織とのコーディネートをし，合わせて資金提供を行う，②技術支援組織が支援のための資金を資金提供組織から得て，それをもとに草の根NPOに対して支援プログラムを提供する，③地域のNPO支援センターが，草の根NPOからの求めに応じて，専門的な技術支援組織や資金提供組織をコーディネートする，④資金提供組織などが自らの問題意識のもとで，草の根NPOや技術支援団体などをコーディネートする，などのかたちで協働型支援を行うものである．

図4.11に「協働型支援基盤」のイメージを，また図4.12には「協働型支援基盤」におけるリソースの流れを示す．

c.　「協働型支援基盤」の構築に向けて

協働型でNPOのキャパシティビルディングを支援する場合，そのモデルに参加するアクター

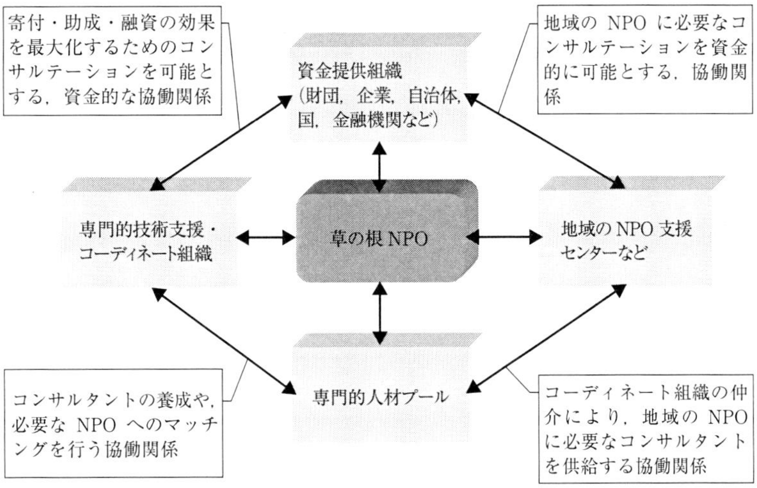

図 4.11　「協働型支援基盤」のイメージ

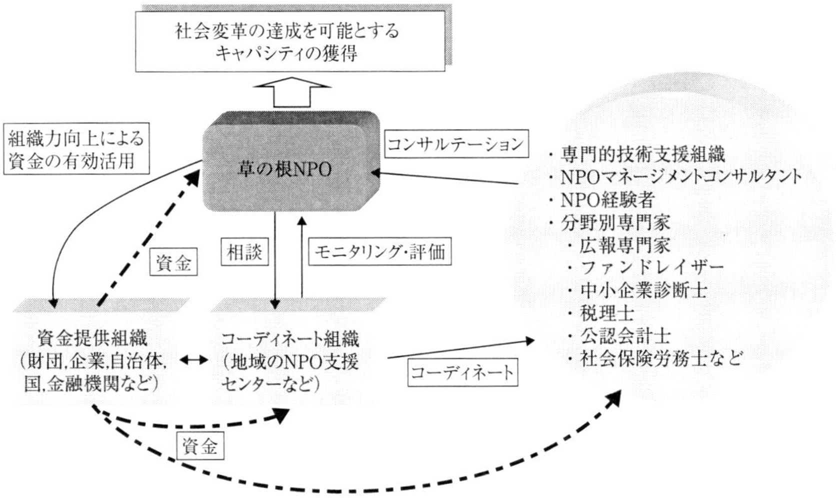

図 4.12　「協働型支援基盤」におけるリソースの流れ

（支援主体）は，いくつか異なる種類の組織・団体が想定される．日本では，こうしたアクター自体が確立されていく途上にある．したがって，はじめは1つの機関が複数の役割を複合的に担うことも想定されるし，いくつかの組織が不在のままで支援プログラムが運営されることもありうる．また，参加する主体が異なることによって，相互の協働の仕方，形態が変わってくることが想定される．ここでは，基本的なパターンのモデルを想定しておくこととする．

プログラム提供・コーディネート・ファシリテート・評価　協働型キャパシティビルディング支援モデルにおいて，「扇の要」の役割を果たすアクターである．プログラムの開発，関係機関の調整，プログラムの進捗を管理して，必要なアドバイスをし，最終的には，プログラムの評価までを受け持つ．

①専門中間支援組織：　関係するアクターを結びつけ，キャパシティビルディングのプログラムを開発する機能をもった中間支援組織である．アメリカの例では，ESC がこの役割を果たしていた．

②地域のNPO支援センター：　地域のNPOとのネットワークを活かし，専門的なノウハウの蓄積はなくとも，他の専門性をもつ中間支援組織や専門機関との連携により，コーディネーターの役割を果たす．なお，全国各地のNPO支援センターの一覧が，日本NPOセンターのホームページ（http://www.jnpoc.ne.jp）内にある．

トレーニングおよびコンサルティングのサービスの担い手　日本では，こうした専門機関やコンサルタントの蓄積は始まったばかりであるが，大学や大学院レベルでのNPOマネージメントのノウハウ開発や実践は徐々に始まっている．従来のNPO向け研修事業にとどまらず，コンサルティングサービスを事業として掲げる支援機関も出始めている．

①キャパシティビルディングプログラムの専門機関：　NPOの組織体力，経営技術の向上のためには，トレーニングやコンサルティングというスタイルで能力開発，組織開発，技術支援を図っていく．そうした具体的なスキルなどの提供を図るのが，キャパシティビルディングの専門機関である．アメリカの例では，ICLがこの役割を果たしていた．

②マネージメントコンサルタント：　コンサルタントには，そうした専門機関のスタッフである場合もあれば，独立したコンサルタントの場合もありうる．アメリカの例では，独立コンサルタントは，専門機関と契約してプログラムに参画することもあれば，NPOと直接契約をすることもある．専門機関では，一定の条件をクリアする独立コンサルタントを登録して人材プールをつくり，NPOへの紹介の便宜を図っている機関もある．

資金などの資源提供　キャパシティビルディングにかかる資金を提供する組織の動機には，2種類が想定できる．

一つは，NPOの組織強化そのものが重要であると認識し，組織強化に対して独立的・直接的に支援する場合である．このかたちの場合には，NPOの組織強化の意義をしっかりととらえておく必要がある．また，助成の効果についても事前に検討しておくことが求められる．

もう一つは，すでに実施しているプログラム（事業）への助成の効果を確かなものにするために，付加的・間接的に組織強化を支援する場合である．資金支援サイドがこうした観点に立つ上では，これまでのプログラム助成の効果を評価し，さらなる効果の増大をねらうことをきちんと見極めることが必要である．

①助成財団：　トレーニングプログラムへの参加費の助成，組織助成（ゼネラルグラント），あるいはプログラム助成の一部をキャパシティビルディングに当てることを許容するなどの対応が可能である．

②自治体・政府：　これまで自治体では，NPO向けの支援センターの設置などにより，NPO設立支援，活動の活性化のための相談事業，マネージメント講座などのトレーニング機会の提供などを幅広く行ってきた．今後は，自治体などでの視点から，事業効果の最大化，事業委託を行っているNPOに対するキャパシティビルディングへの資金支援を検討する必要があると思われる．

③企業：　企業の社会貢献活動において，NPOに対する寄付や助成に取り組む場合，企業は株主や社員などのステークホルダーに対し説明責任を負う．同時に，NPOへの資金支援の効果を最大化する必要に迫られる．この場合の効果とは，NPOがミッションを活かしつつ，助成された事業の目的を遂行することである．NPOが着実かつ的確に事業を達成できるように，しっかりとした組織体力や運営技術を磨いてもらうことは，企業の社会貢献の効果を高める上でも不可欠となってくる．

また，最近，企業がNPOと商品開発や事業運営で提携・協働する例も出てきている．そうした場合には，パートナーとしてのNPOの経営能力などのキャパシティビルディングへの支援を同時に行うことも視野に入れることが必要だろう．自社の事業の成否にかかわる問題だからである．

④金融機関：　NPO への融資を行う金融機関が徐々に登場している．今後，NPO が公共サービスの事業体として定着していくにつれて，NPO は融資対象としての位置を占めていくことになる．融資の場合には，返済が伴うので，寄付・助成の場合に増して，NPO のキャパシティビルディングは重要である．貸し倒れを起こさないためにも，融資とともに NPO へのマネージメント支援を組み合わせる必要がある．

なお，まちづくり活動への各種助成金制度については，文献[1] などを参照されたい．

その他の支援・協力

①大学：　大学や大学院が，中間支援組織やキャパシティビルディング専門機関と連携・協力して，キャパシティビルディングプログラムの開発を行うことが考えられる．今後，大学などの教育・研究機関と中間支援組織の協働として，NPO のマネージメントに関するケース分析，コンサルティング手法の開発，キャパシティビルディングの効果測定の研究，トレーニングコースの設定などが考えられよう．

また，学生による NPO へのコンサルティングを卒業制作プログラムに組み込んだりするケースが想定される．学生にとっては，非営利マネージメントの実践経験の機会として有効なプログラムである．NPO にとっては，安価にコンサルティングを受ける機会となる．

④ビジネス系マネージメント専門家：　営利ビジネスにおけるマネージメント技術は，ノウハウとしては NPO への応用が可能である．ただし，営利企業と NPO の違いを理解した上でないと，そうした技術は役に立たない．ビジネス系マネージメント専門家には，こうした点をご理解いただき，一定の訓練を受けた上で，NPO のキャパシティビルディングに参加してもらうことが期待される．また，独立のコンサルタントでなくとも，企業内で技術を身につけたサラリーマンにも，同じ期待が寄せられる．

今後，協働型支援基盤は，コンサルタント人材の養成や手法の開発，資金提供者との協働による具体的プログラム開発と実施，大学や企業などと連携した人材プールの開始とプログラムの多様化などのステップを経て，まちづくりの支援システムとして，構築，拡充していくことが期待される．

（岸本幸子）

文　　献

1)　平良敬一編（2001）：『まちづくり事業企画マニュアル』（別冊造景 2），建築資料研究社．

まちづくりのためのキーワード集

アカウンタビリティ ⟶ 説明責任

アボイドマップ ⟶ ハザードマップ

アメニティ
居心地のよさ，快適性を総体として表すイギリス英語．イギリスでは，アメニティは定義するよりも実感する方が容易であるといわれ，法律上も明文化された規定はない．1977年に経済協力開発機構（OECD）環境委員会が，日本に関する報告書において，日本は公害との戦争には勝利したがアメニティ獲得の戦いにはまだ勝利していないと指摘したことから，日本での政策課題として一挙に注目されることになった．

NPO
"nonprofit organization" の略．非営利組織を意味するが，大半の場合は民間非営利組織を指して使用される．社団法人や財団法人のような組織も含まれるが，狭義には民間のボランティア団体を指す．さらに限定して，1998年制定の特定非営利活動促進法（NPO法）において認証された，いわゆるNPO法人を指す場合もある．「新しい公共」として，従来の公的サービスの一定部分を担う組織として注目されている．

エリア・マネージメント
地域の環境を保持し，向上させていくには，従来ならば都市再開発などの各種プロジェクトを実施するというのが定番だった．しかし，このところの環境保全への関心の高まりや財政難などから，こうした外科的な改善策は困難になってきた．これに代わって登場したのが，民間を中心としたソフトな地域経営という考え方である．TMO（town management organization）やまちづくり会社などの仕組みもエリア・マネージメントの試みであるといえる．

オンブズマン
もともとは，行政に対する中立な仲介役を果たす人・組織を表すスウェーデンの制度．1970年代に入り，世界的に広まった．近年ではより広く，報道や労働基準，医療過誤などにもオンブズマンの制度が援用されている．日本には市民オンブズマンの全国組織があり，自治体の情報公開度ランキングなどを行っている．

環境アセスメント
大規模な公共事業などを計画・実施する際に，その事業が環境に与える影響を予測し，あらかじめ評価する仕組み．環境影響評価，環境アセスともいう．1969年にアメリカの国家環境政策法（NEPA）において初めて導入された．日本でも1984年の閣議決定によって国レベルで制度化され，1997年に環境影響評価法によって法制度として定着した．ただし，事業実施の際のアセスであり，計画段階でのアセス，いわゆる戦略アセスが不十分である点に問題が残されている．

景観法
良好な景観を「国民共通の資産」（法第2条）として，その保全と創造のための各種施策をまとめた日本初の法律．2004 年に成立し，2005 年より全面施行された．従来各地で施行されていた景観条例に法的根拠を与えるもの．景観施策を担う景観行政団体は景観計画を立案し，これのもとに建築物の形態やデザイン，色彩などを一定の強制力をもって規制することができるようになった．

合意形成

まちづくりを進めるためには，関係する多方面の人々の合意をいかに形成するかが重要である．都市計画などの法的な制度が往々にしてトップダウンで行政側から下りてくる仕組みであるのと比較して，まちづくりはボトムアップで，関係者間の小さな合意を積み上げていくところから出発する．各種のワークショップや情報の公開も，そのための手段として有効である．

公益信託

信託法に定められた信託の一形式．制度としては大正時代から存在したが，まちづくりに利用されるようになったのはここ 20 年くらいである．土地や金銭を銀行に信託し，公益目的のために信託財産を管理・処分する制度．主流は奨学資金や国際交流への利用である．行政からの拠出金に一般の募金を加え，金銭信託し，その資産をまちづくりのための助成金に用いる，いわゆるまちづくりファンドを公益信託とする例がある．

公共の福祉

“general welfare”の日本語訳．日本国憲法第 29 条 2 項には「財産権の内容は，公共の福祉に適合するやうに，法律でこれを定める」とあり，「公共の福祉」の名目で財産権を制約できるとしている．ただし，どこまでが公共の福祉といえるかに関しては議論が絶えない．たとえば，都市計画による用途地域の規制による財産権の制約は公共の福祉の枠内だという判例が確定しているが，景観や眺望上の規制は計画の様態にもよるので，まだ一義的に確定しているとはいいがたい．

コミュニティビジネス

地域が抱える課題を地域内部のビジネスの力で解決し，得られた収益を地域に還元することを目指すビジネスの新しいあり方．例として，まちづくりの組織や NPO などが地域の生活環境改善などの目的で行うことなどがある．収益は，団体の活動費などとして内部化し，さらなるまちづくりを進める経費となる．労働に従事した者に対しては正当な対価が支払われるので，ビジネスとしての側面も併せ持っており，従来のボランティア活動とはこの点が異なっている．

コミュニティファンド

地域のまちづくりを支援する目的で設けられている資金助成制度の総称．地域の当事者たちや，自治体，企業が資金を出し合い，コミュニティビジネスなどに投融資を行うもの．自治体による条例基金や公益信託，地域の財団による活動助成なども含む．数十万〜100 数十万円程度の助成を行うものが大半である．従来型の補助金行政の枠を超え，資金と意思決定の流れに地域を巻き込み，地域の自立的な担い手を育成するための有効な手段として，近年注目されつつある．

コモンズ

狭義には入会地（いりあいち）などの共有地を指す．近年では，社会をうまく機能させていくために必要な制度や機能をもある種の社会資本と見なして，広くコモンズと称するようになってきた．たとえば，都市のインフラストラクチャーや良好な居住環境なども，多くの構成員の支えによって成立しているという意味では，都市のコモンズだということができる．

コンパクトシティ

人口減少時代に入り，郊外施策の見直しや都心への人口回帰は社会的な現象となりつつある．市町村の財政状況の悪化という背景のもと，社会資本の整備効率の点からも，エネルギー消費の上で持続可能な都市づくりの面でも，都市のコンパクト化は緊急の課題となってきた．そのためには，職住近接のための都心居住の推進や，郊外部の土地利用の厳格化，公共交通機関の増強などの施策の総合的実施が必要である．

シビルミニマム

健康で文化的な市民生活を送る上で必要最低限な生活環境などの基準を指す．1960 年代から 1970 年代にかけて公害などの環境問題が激化する中で，守るべき最低限の基準として主張され，後により広範に，上述のような基準として広がった．1980 年代に入り，量の達成から質の確保へと環境問題が深化し，時代の標語はシビルミニマムからアメニティへと移っていった．

条例の制定権

法律で定められていないことのほか，法律で定められているものの規制値を超えて，条例で上乗せや横出しをして規制できるかという点に関して，従来はさまざまな意見があった．とりわけ財産権にかかわる都市計画の分野では，憲法第 29 条の条文（→公共の福祉）もからみ，慎重な声が多かった．しかし，1999 年の地方分権一括法は，これらの大半の事務を自治体固有の事務と定め，地方公共団体の条例制定権を大幅に認めることを明文化した．これ以降，各地で独自の条例制定が相次いでいる．

説明責任（アカウンタビリティ）

元来は，納税者たる市民に対して税金の使い道を行政が明らかにする責任を有するところから生まれた．現在では，広く，社会的責任のある組織がその意思決定のプロセスを一般社会に対して明確に説明する責務を負うことを指している．ある行政的な判断を下す場合，そのような判断を下すことの正当性を担保するためには，意思決定に至る過程が透明になっているほか，判断の根拠を明示できなければならない．

大規模小売店舗

1998 年の大規模小売店舗立地法（大店立地法）は，政令によって大規模小売店舗を 1000 m^2 を超える店舗と定めている．また，こうした大規模小売店舗の立地に際して，騒音や交通渋滞，廃棄物の処理，町並み景観の向上などに配慮すべきことを定めている．しかし，1999 年に廃止された従来の大規模小売店舗法（大店法）にあったように，既存の商店との調整は，法の目的外となっている．近年では，大規模小売店舗の郊外への立地が顕著になり，中心市街地の疲弊に拍車をかける原因となった．

地域内分権

地方にできることは地方に任せるという地方分権の流れは，まちづくりに限らず広く一般的になってきている．地域内分権とは，それをさらに徹底させ，基礎自治体内部においても区や出張所単位で決められる権限や財源の枠を拡大し，より住民に身近なところで住民自治を進め，きめ細かくフットワークよくまちづくり行政を進めていこうという動きのことである．市町村合併進捗によってその要請が高まっている．

地区計画

都市計画が地域のおおまかな土地利用や将来の整備方針を立てているのに対し，地区レベルで詳細な規制をかけて地域の環境を誘導していく仕組みとして，地区計画がある．1980 年の都市計画法改正により，都市計画制度の中に取り入れられた．身のまわりの環境を確実にコントロールする手法として重要である．しかし近年では，再開発等促進区の地区計画などのように，各種の規制緩和型の優遇措置を伴った地区計画が増え，全体像がわかりにくくなってきている．

中間支援組織

intermediaryの日本語訳．まちづくりを進める地元の組織やNPO団体に対して，行政組織や資金助成援助団体との間に入り，技術的支援や情報支援を行うNPOなどの団体のこと．とりわけ欧米先進国で発達しており，各種助成金の申請や法的制度の適用，税制や経営上のアドバイスなどを行う．各地に設立されつつあるNPO支援センターなどがこれに該当する．現在，日本には約200の中間支援組織がある．

中心市街地活性化

都心部からの人口・商業の流出は40年来の傾向であるが，1998年の中心市街地活性化法をはじめとする一連の施策によって，ようやく国も本腰を入れて対策に乗り出し始めた．活性化の方策は，中心市街地への公共事業の優先的導入，商業活動の支援，都心居住の推進などである．しかし，同法のもと導入されたTMO（town management organization）制度はうまく機能しているとはいいがたく，2007年の改正によって市町村が作成の中心に当たるように変更された．

デザインコード

建物を建てる際にある一定のルールを課すことによって，周辺との調和が保たれ，良好な景観が実現されることになることが少なくない．こうしたルールをデザインコードと総称する．デザインガイドラインともいう．景観条例の中で規則として定められているものから任意の推奨ガイドラインまで，多様である．ルールの設定に当たっては，実際の調査や計画の立案が必須である．

都市計画審議会

都市計画法に基づいて，都道府県および市町村に設置されている法定の審議会．同審議会の決定によって，都市計画は正式に決定・変更されることになる．重要な審議会であるにもかかわらず，これまで都市計画決定に関する実質的な審議がここでなされることはまれで，行政側からの提案の単なる承認機関となっている場合がほとんどだった．意見書の積極的な活用などを通して，都市計画審議会の民主化・活性化が望まれる．

都市計画道路

都市計画区域内で将来の新設・拡幅が定められている道路のこと．その整備に際しては，国庫補助がある．計画遂行に当たっては，都市計画道路を都市計画決定するという段階と，これを実際に事業化するという事業決定の段階との，2段階がある．日本の都市計画道路の整備率は約60%と低く，さらに計画決定のみで事業決定がなされず長期間放置されている道路が多いことが問題である．

ハザードマップ（アボイドマップ）

自然災害時の被害を事前に予測し地図上に明示して，居住者の避難や二次災害の軽減を図るもの．洪水ハザードマップが有名．かつては，被害の可能性が高いことを公にされると地価が下落するとして公表が差し控えられることが多かったが，近年ではむしろ，被害対策の進捗がチェックできること，居住地の選択は地価と災害危険度との兼ね合いで居住者が自己責任で行うべきものであるという考えが強くなってきている．

パタンランゲージ

C.アレグザンダーの同名の著書（1977年；邦訳版1984年）によって提唱されたまちづくりの基本的考え方．都市空間のあり方を子細に観察すると，誰もが心地よいと感じる空間には自ずと一連の空間的な規範（パタン）があり，これを明文化し，受け継いでいくことによって良好な空間の質は確保できるという主張．日本各地の景観計画のあり方やデザインコードの提案に影響を与えた.

非営利組織 ⟶ NPO

まちづくり協議会

地域のまちづくりを進めるために地域の関係者や関係諸団体の代表が一堂に会する活動審議組織の総称. 定常的に設置されているものと, 課題に応じて時限的に設置されるものの, 2通りがある. 通常は行政が事務局となって運営し, 計画を取りまとめ, 意見集約を行う役割をもつ. 地域の合意形成ための重要な機能を有するが, メンバーの民主的な選出方法や議論内容に対する透明性の確保が必要である.

まちづくり三法

大規模小売店舗立地法 (1998年), 中心市街地活性化法 (1998年) の2法と, 都市計画法 (1968年) の一連の改正をまとめた呼称. 当初はマスコミ用語であったが, しだいに行政内部にも定着してきた. 従来は商業振興施策として実施されてきた大規模小売店舗に関する法制と都市計画の法制を, 中心市街地の活性化という目的のもとで統合的に制定・運用していこうというものである. まちづくりは都心部の商業施策に限ったものではないので, やや看板が大きすぎるが, すでに用語として定着している.

まちづくり条例

まちづくりのための手続きや規制を定めた条例の総称. 幅広く用いられるため, 実態がやや曖昧である. まちづくりの理念をうたう自治基本条例的な条例, 市民主体のまちづくりの手続きを定めた条例, 土地利用の調整のための条例, 景観の規制誘導のための条例などに大別できる. 地方分権一括法の施行 (2000年) 以後, 各地の自治体で特色あるまちづくり条例の制定が進められている.

モビリティ・マネージメント

従来の交通施策は, 伸びるマクロな交通需要に対応していかに道路網や公共交通機関を増強していくかという点に力点が置かれていた. しかし, 時代の変化とともに, 巨大な事業費を伴う公共交通機関の新設などよりも, 個々人のミクロな交通重要をどのように細かく管理していくかという点に主眼が置かれるようになってきた. こうした交通管理の方法を, モビリティ・マネージメント (直訳すると移動管理) という. 事前の情報提供や公共交通機関の利用を呼びかけることによって, 自動車利用を削減し, 環境改善に寄与することなどが目標となる.

ユニバーサルデザイン

高齢者・身体障害者・子ども・妊婦など, 誰にも優しい建築・環境デザインからさらに進んで, 文化の違いなどを乗り越えた, 公平で自由度の高いデザインのこと. かつてはバリアフリーと呼ばれることが多かった. しかし, 周辺環境からの障害 (バリア) の排除だけではなく, 誰にとっても良好な環境の実現でもあるので, 一般的なデザインルールとして定着させるべきであるという意味で, 普遍的な (ユニバーサル) デザインと呼ばれるようになった.

用途地域

相反する土地利用の混在防止のためのゾーニングのこと. 都市計画法に定められている. 人口の集中した市街地部分にかけられる. 第一種低層住居専用地域から, 商業地域, 工業専用地域まで, 12種に分かれている. 各用途地域内で許容される建物用途が制限されているほか, 連動して容積率・建ぺい率が定められている. 住居地域の環境保全の意識が強く, オフィスや商業系の立地規制が緩いこと, 用途の混在を防止しがたいことなどの問題を抱えている.

(西 村 幸 夫)

索　引

欧　文

ア　行

カ　行

サ 行

タ 行

編集者略歴

西村幸夫（にしむらゆきお）

1952年　福岡県に生まれる
1977年　東京大学都市工学科卒業・同大学院修了
現　在　東京大学先端科学技術研究センター教授
　　　　工学博士

まちづくり学
―アイディアから実現までのプロセス―　　定価はカバーに表示

2007年4月25日　初版第1刷
2018年4月25日　　　第7刷

編集者　西　村　幸　夫
発行者　朝　倉　誠　造
発行所　株式会社　朝　倉　書　店

東京都新宿区新小川町6-29
郵便番号　162-8707
電　話　03(3260)0141
FAX　03(3260)0180
http://www.asakura.co.jp

〈検印省略〉

教文堂・渡辺製本

ISBN 978-4-254-26632-0　C 3052　　Printed in Japan